지은이

니컬러스 크레인

영국의 지리학자이자 저술가, 탐험가, 지도 전문가. 어려서부터
하이킹에 매력을 느껴 자전거와 도보로 전 세계를 탐험하고 있다.
런던대학교에서 지리학을 공부했으며, 지리 지식과 영국에 대한
이해를 대중화한 공을 인정받아 왕립스코틀랜드지리학회의
뭉고파크메달과 왕립지리학회의 네스상을 받았다. 2015년부터
2018년까지 왕립지리학회 회장을 지냈다. 「지도 인간」, 「영국
여행」, 「브리타니아」, 「타운」, 「해안」 등 호평받은 BBC 다큐멘터리의
진행을 맡았고, 『위대한 영국 여행』Great British Journey,
『위도』Latitude, 『월드 아틀라스』World Atlas 등의 책을 썼다.

옮긴이

성원

책을 통해 사람을 만나고 세상을 배우는 게 좋아서 시작한 일이
어느덧 업이 되었다. 책을 통한 사색만큼 물질성이 있는 노동을
사랑한다. 슬하에 2묘를 두고 있다. 『빈 일기』, 『오버타임』, 『살릴 수
있었던 여자들』, 『우리는 맞고 너희는 틀렸다』, 『디어 마이 네임』,
『쫓겨난 사람들』, 『백래시』 등을 우리말로 옮겼다.

단단한 지리학 공부

단단한 지리학 공부

하나뿐인 지구를 구하는
공간 읽기의 힘

니컬러스 크레인 지음
성원 옮김

지리학을 공부하는 모든 학생과 교사 들에게

런던 히드로 국제 공항에 내리면 나는 종이 신문부터 산다. 스마트폰으로 보는 인터넷 신문으로는 제대로 포착되지 않는 생생한 현장을 담은 국제면 기사를 읽기 위해서다. 강렬한 사진과 함께 세계 각 국가 상황을 정확하게 분석하는 기사와 통찰이 가득한 칼럼은 덤이다. 전 세계에 파견된 베테랑 특파원들이 24시간 현장을 지키며 전하는 BBC 뉴스는 그 자체가 살아 있는 세계 지리 교과서다. 런던 호텔에 짐을 풀면 바로 코벤트가든에 있는 단골 서점으로 향한다. '지리와 여행' 코너에는 유럽뿐 아니라 중남미, 아프리카, 동남아 등 다양한 국가를 소개하는 흥미로운 책들로 가득하다. 지리학자인 내게 영국은 제2의 고향이자 새로운 지식과 에너지를 재충전하는 교육의 장이다.

초등학교 때부터 지리는 영국 국가 교육과정의 필수과목이고, 이튼·해로우·킹스 등 영국 사립학교에서 지리는 중시된다. 옥스퍼드·캠브리지·더럼 등 영국의 명문대학에서 지리학과의 위상은 확고하다. 왕립지리학회는 대영제국의 심장이었고, 지리학자들은 세계 각국에서 생생한 정보를 수집하고 정확한 최신 지도를 그렸다. 15세기까지만 해도 유럽의 변방에 불과했던 영국이 세계사의 주역으로 부상하는 데 지리는 큰 힘이 되었다. 지금도 여전히 탐험가가 존경받는 영국에서 해외답사와 오지 탐험은 학계, 정·재계에서 글로벌 리더로 인정받고 출세하는 지름길이다.

한국으로 돌아오면 지리학자로서 슬픈 현실에 직면한다. 한국 국가 교육과정에서 지리가 '무명무실'해지면서 지리 문맹이 급증하고 있다. 지리학과가 없는 대학이 많아 원조 통섭학문으로서 지리학의 가치가 제대로 인식되지 못하고 있다. 외교관 양성 과정에서조차 지리학을 가르치지 않기 때문에 외교부 직원이 지명과 국명을 혼동하는 실수가 반복된다. 급기야 2021년 8월 도쿄 올림픽 개막식 중계방

송에서 한국의 공영방송이 큰 사고를 쳤다. 국가의 위치를 지도에 잘못 표시하거나 '이탈리아는 피자' '노르웨이는 연어'로 연결시킨 건 애교였다. 우크라이나는 체르노빌 원자력 발전소, 아이티를 폭동으로 소개해 국제적 망신을 당했지만, 그때뿐이었다. 문제가 발생한 근본적 원인에 대한 성찰이 이루어지지 않다 보니 한국 공교육에서 지리는 여전히 홀대받고 있다.

지리 문맹 국가로 전락한 한국에서 『단단한 지리학 공부』는 가뭄의 단비처럼 반가운 책이다. 저자인 니컬러스 크레인은 지리교육의 본고장, 영국에서도 인정받는 현장형 학자다. 잉글랜드 남동부의 역사적 항구도시인 헤이스팅스에서 태어난 그는 『위대한 영국 여행』『위도』 등 지리적 상상력을 확장시키는 다양한 지리 교양서를 집필해 왔다. 티벳, 중국, 아프가니스탄, 아프리카의 여러 나라들을 자전거로 또 도보로 답사한 그는 고비사막, 극지방 등 지도에도 나오지 않는 오지를 탐험하고 지리의 힘을 알려 왕립지리학회의 인정을 받았다. BBC 다큐멘터리 시리즈를 진행하고 타임즈, 가디언 등 영국을 대표하는 신문에 칼럼을 쓰는 스타 지리학자로도 유명하다.

시공을 넘나드는 공간적 사유의 위력을 실증하는 이

책은 우리를 매혹적인 지리학의 세계로 이끈다. 지리는 지루한 암기과목이라는 우리의 편견을 깨고 21세기에도 여전히 중요한 공간적 사유의 위력을 설득력 있게 보여 준다. 원시시대부터 시작된 '지리적 인간homo geographicus'의 활약을 설명하는 에피소드를 읽는 재미도 쏠쏠하다. 중국의 고대 문명과 그리스 밀레투스 학파부터 시작해 기후 변화, 지정학, 인구 문제, 이주, 자원의 고갈, 해양 오염, 자연재해에 이르기까지 지리학의 다양한 주제를 아우르는 이 책은 하나뿐인 지구를 구하기 위한 길을 제시한다. 세계 각지를 여행한 저자의 내공과 지리적 상상력이 책 곳곳에서 반짝반짝 빛이 난다. 세계 지도를 곁에 두고 낯선 지명이 나올 때마다 찾아보며 읽어도 좋겠다. 지리 문맹에서 탈출해 더 넓은 세계로 나아갈 꿈을 꾸는 당신에게 이 책을 추천하고 싶다.

들어가는 말
왜 지리학이 중요할까

시골에서 지도를 들고 자전거를 타던 소년 시절이 엊그제 같다. 너무 비대하게 성장한 로마시대 마을들과 버려진 미국 비행장을 찾아 이스트앵글스 땅에서 페달을 밟던 냉전시대의 어린이였다.

그 뒤로 많은 변화가 있었다. 로마시대의 마을 벤타아이스노럼이 덤불을 헤치고 드러났고, 미군 비행단 389번 포격집단의 주둔지는 자동차 공장이 됐으며, 석탄을 태우고 외풍이 심한 집들이 모여 있던 우리 마을은 공기가 깨끗하고 자전거도로가 놓인 도시에 삼켜졌다. 변화의 속도가 빨라진다. 페달이 더 빠르게 구른다. 그것이 지리의 본성이다. 장소는 바뀐다. 환경도 바뀐다. 사람도 바뀐다.

이 책은 2018년 10월에 처음 출간되었다. 그 이후 이 세상은 그때와 다른 장소가 되었다. 그래서 이 책은 새로운 제목이 달린 개정판이다.

이 책 『단단한 지리학공부』는 삶을 풍요롭게 하는 지리학을 예찬하고, 인류의 운영 시스템으로서 지리학을 하루빨리 재설치할 필요가 있다고 주장한다.

지리학은 이 세상이 어떻게 돌아가는지를 설명한다. 지리학은 장소를, 사람과 환경 사이의 상호작용을 탐구한다. 중고등학교와 대학교에서는 역동적인 두 개 분야로 나뉘는 경우가 많다. 문화·사회·경제를 다루는 인문지리와 경관·환경을 다루는 자연지리로 말이다.

지리학은 공간뿐 아니라 시간 또한 관통한다. 수렵·채집인들을 사이버문화와 연결한다. 인터넷이 등장하기 훨씬 전, 우리는 지리에 관해 워낙 많이 알았고 그래서 이 행성에서 가장 잘나가는 종으로 진화했다. 지리에 관한 기본적인 이해가 없으면 우리는 입에 풀칠을 할 수도, 돌아다닐 길을 찾을 수도, 태양에서 1억 5천만 킬로미터 떨어져 회전하는 이 구체상에 존재함에 대한 경이를 만끽할 수도 없다. 지리학은 아름다운 학문이다.

『단단한 지리학공부』는 지리학이 우리의 집단 상상에서 재시동되어야 한다는 요청이다. 해수면 상승과 야생동식물의 멸종, 가뭄과 홍수, 불평등과 빈곤, 안보와 지속가능성 등 이 행성의 가장 시급한 도전 과제는 모두 본질적으로 지리적이다. 이 모든 과제는 환경과 장소와 사람들과 관계가 있다. 우리는 말하는 법, 책 읽는 법, 글쓰는 법을 알아 가는 것과 똑같은 방식으로 지리학의 기본 내용을 파악할 필요가 있다. 알 수 없는 미래에도 지리적 지식은 인류의 인생 경로를 안내할 것이다.

회전하는 이 구형 암석 위에서 펼쳐지는 인간의 이야기는 점점 속도가 빨라지는 변화에 휩쓸리고 있다. 점점 팽창하는 인구가 점유한 한정된 공간 안에서 상호작용이 폭증한다. 그리고 우리는 이제야 한계가 어디에 있는지 이해하기 시작했다. 육류와 낙농업을 위한 자연경관의 파괴, 에너지를 얻기 위한 화석연료 연소, 하천·바다·토양·공기의 오염, 전쟁과 빈곤의 한없는 잔혹함, 이 모든 것에는 각각의 티핑포인트가 있다.

내가 이 책의 초판을 쓴 뒤로 몇 년 동안 우리는 가장자리를 향해 더 가깝게 움직였다. 영국에서 나온 「2019년 자연의 상태」 보고서는 1970년 이후로 600종의 개체군

이 13퍼센트 감소했다고 밝혔다. 같은 해에 곤충 연구를 정리한 어느 요약 보고서는 세계 거의 모든 지역에서 감소세가 진행되어 앞으로 몇십 년 안에 곤충의 40퍼센트가 멸종할 수 있다는 결론을 내렸다. 곤충이 중요한 이유는 우리의 많은 핵심 생태계를 떠받치고 있기 때문이다. 어류 개체군도 줄어들고 있다. 플라스틱이 바다와 하천을 오염시킨다. 2020년까지 삼림 파괴를 절반으로 줄인다는 목표를 천명한 유엔 선언이 2014년에 조인되었음에도 수목 피복 유실률이 43퍼센트까지 증가했다. 전 세계적으로 영국 면적보다 넓은 26만 제곱킬로미터의 숲이 해마다 사라지고 있다. 전 세계 표토의 3분의 1이 오염되고 있다. 예멘 전쟁으로 2019년 전반기에만 콜레라 46만 건이 발생했다. 내가 이 글을 쓰는 지금 인도주의적 원조와 보호가 필요한 예멘인들이 2200만 명에 달한다. 아이들은 지리 수업에서 이 세상에 관해 배운다. 그리고 그것을 이해한다.

아이들은 어째서 기후가 100년 전보다 더 빨리 변하는지도 안다. 시베리아, 캘리포니아, 아마존의 산불은 달아오르는 지구에 나타나는 징후다. 해수면 상승도, 점점 파괴력이 커 가는 인도의 몬순도, 날로 기세등등해지는 대서양의 허리케인과 태평양의 태풍도 마찬가지다. 시스템이 더 큰 힘으로 휘저어지고 있다. 북극은 지구 전체보다 두 배 빠르게 더워져서 꾸준히 해빙이 줄어들고, 지구로 들어오는 빛을 반사해 주는 방패의 크기가 줄어들고 있다. 영구동토층이 녹으면서 이산화탄소보다 34배 더 강력한 온실가스인 메탄이 훨씬 많이 배출된다. 남극대륙에서 2015년부터 2019년 사이에 유실된 빙하 덩어리의 양은 5년 동안 기록으로 남아 있는 여느 때보다 많았다.

2019년 유엔 사무총장은 "매주 기후 관련도가 점점 높아지는 참사 소식이 날아든다"고 말했다. 인간의 행위는 산업화 시대 이후로 지구의 기온을 섭씨 1도 상승시켰다. 지금의 온난화 속도대로라면 2040년께에는 1.5도를 찍을 것이다. 그 뒤에 치르게 될 대가는 훨씬 비싸다. 유엔 정부간기후협약패널의 2018년 보고서는 온난화를 1.5도로 제한하는 것은 화학과 물리학 법칙 내에서는 가능하지만, 그러려면 "사회 전 분야에서 전례 없는 이행이 일어나야 할 것"이라고 조언했다.

'전례 없는 이행'이 뜨거운 주제가 되었다. 국제통화기금을 비롯해 세계경제포럼, 영국중앙은행에 이르는 여러 기관이 우리 행성 시스템과 상충하는 세계경제 시스템의 개혁을 요청하고 있다. 2019년 유엔기후행동정상회의에서 영국중앙은행장 마크 카니는 비즈니스 모델을 온실가스 배출 순제로(純zero)를 향한 이행에 맞춰 조정하지 못하는 기업은 '존재하기를 멈추게' 되리라고 경고했다. 그보다 몇 달 앞서 영국의 유명 동물학자이자 방송인인 데이비드 애튼버러 경은 '자연계에 대한 불가역적인 피해와 우리 사회의 붕괴'를 경고했다. 여론조사를 보면 환경을 걱정하는 시민이 두 배로 불어났음을 알 수 있다.

미래에 대한 두려움은 동원력을 가진 감정이 되었다. 멸종반란 같은 새로운 운동은 '극단적인 생태적 붕괴'를 경고하고 '혁명적인 변화'를 요구한다. 스웨덴의 젊은 기후운동가 그레타 툰베리는 150개국의 거리에서 전 세계 학생들 수백만 명을 이끌었다. 툰베리는 2019년 1월 다보스에서 열린 세계경제포럼에 대고 "나는 당신들이 공황 상태에 빠지기를 원한다"고 말했다. "나는 당신들이 내가 매일 느끼는 공포를 느끼기를 원한다. 나는 당신들이 행동하기를 원한다"고 말했다.

툰베리가 옳다. 우리는 행동해야 한다. 두려움과 공황 상태를 피하는 가장 확실한 방법은 적절하고 신속한 실천이다. 지리적인 눈으로 보면 만물이 연결되어 있다. 우리는 공기와 땅과 물과 생명을 연결하는 역동적인 시스템의 일부다. 동시에 우리는 우리가 자연계에 미치는 영향을 줄이고 변화에 대비해야 한다.

전과 달리 우리 모두가 이 세상이 어떻게 돌아가는지 알 필요가 있다. 우리의 장소, 사람과 환경의 상호작용을 묘사하는 기본적인 지리에 익숙해질 필요가 있다. 시민으로서, 유권자로서, 정책입안자로서 그리고 지도자로서 충분한 근거를 바탕으로 조치를 취할 필요가 있다. 이 책은 바로 이런 메시지를 담고 있다.

『단단한 지리학 공부』는 여섯 가지 주제를 토대로 지리를 탐구한다. 1장에서 나는 육상의 두발짐승인 우리에게 익숙한 편파적인 그림에서 물러나, 우리의 지구와 그 복잡한 시스템을 전체로서 살펴본다. 2장은 아마존에서 남극대륙으로, 미안데르강에서 갠지스강으로, 하천에서 대양 그리고 대기에 이르기까지, 물이 물질계의 형태를 결정하는 방식을 살펴본다. 3장에서는 뭄바이에서 베이징으로, 우리의 머릿속 내부 이주자에서 수백만이 거주하는 메가시티로, 인간계 속을 여행한다. 그다음에는 시간을 거슬러 올라가서 아프리카, 북극, 중국을 경유해 우리의 지리적 직관의 기원과 공간 전문가로서의 인간의 진화 과정을 탐구한다. 5장에서는 유프라테스에서 나일, 캘리포니아를 누비며 지도 제작계의 혁명가들을 추적한다. 6장은 우리 모두가 작성 중이다.

호모 사피엔스에 의한 지구 자연계의 혼란은 지리와 관련한 더 깊고 넓은 이해를 요구한다. 우리의 행성은 아직 한창이고 그 결과를 써 내려가는 사람은 바로 우리다.

2019년 런던에서
니컬러스 크레인

1장
L1에서 본 풍경

장면을 떠올리는 것으로 시작해 보자.

우리의 행성은 160만 킬로미터 떨어져서 보면 무광의 검은 허공을 배경으로 떠 있는, 구름에 휘감긴 푸른 구다. 이 귀여운 '셀피'는 L1 라그랑주점에 있는 우주선이 몇 시간에 한 번씩 업데이트한다.

L1 라그랑주점은 태양과, 태양계에서 유일하게 거주 가능한 행성의 합계 인력이 위성에 가해지는 원심력과 동일한 우주 최적의 지점을 말한다. '중립중력지점'이라고 하는 이 지점은 태양-지구 힘의 장에 존재하는 다섯 개의 라그랑주점 가운데 하나다. 이 평형지점들 가운데 L1의 고유한

L1에서 본 지구와 달

특징은 위성이 태양과 완벽하게 빛나는 지구 모두를 관측할 수 있는 위치라는 점이다. 110일간의 항해 끝에 2015년 L1에 도착한 2미터짜리 비행체는 미국항공우주국NASA의 심우주 최초 가동 위성이었다.

심우주기후관측위성DSCOVR에 탑재된 장비 중에는 400만 화소 카메라가 있다. 에픽EPIC은 하루에 여러 차례 열 가지 다른 파장으로 한 무더기의 이미지를 찍는데, 이 이미지들을 모으면 인간의 뇌가 파악할 수 있는 색상이 만들어진다. 원격으로 제어되는 카메라의 홍채는 1972년에 아폴로 17호 대원들이 달로 날아가서 핸드헬드식 핫셀블라드로 찍은 최초의 '푸른 구슬' 사진을 무색하게 하는 그림을 담아낸다. 오바마 대통령은 백악관에서 에픽의 고해상도 이미지를 보고 나사가 "우리가 가진 하나뿐인 행성을 보호해야 한다는 사실을 아름답게 상기시키는 작품"을 만들어 냈다는 글을 트위터에 올렸다. 눈앞의 지구는 가장 비현실적인 모습이었다. 무한한 천상의 밤에 떠 있는 밝은 생명의 구체. 모든 타당한 목적 때문에 지구는 두 번의 기회를 주지 않는다.

생기 없는 불덩이에서 유기적인 구슬로 이어진 우리 행성의 여행은 부단한 변화의 이야기다. 별이 폭발해서 은 하수의 오리온자리 돌출부로 뜨거운 먼지와 기체 구름을 쏟아 냈을 때, 꽝 소리와 함께 우리의 여정이 시작되었다. 은하계 규모의 이 화재에서 태양계가 소용돌이치며 시작되었다. 소행성과 혜성과 행성과 달로 운집한, 회전하는 부스러기 원반의 중심에 있는 노란 왜성. 밤하늘에서 우리는 중력의 자손들을 본다.

뜨거운 공 같던 초기 지구는 5천만여 년 동안 냉각을 거쳐 내핵, 용융물질로 이루어진 맨틀 그리고 외부의 더 차게 식은 지각으로 나뉘었다. 황화수소, 메탄, 이산화탄소 등으로 구성된 얇은 기체막이 지구 주위를 감쌌다. 38억 년 전부터 지각 위에 냉각된 함몰지에 물이 모이기 시작했다. 35억 년 전쯤에는 암석들이 스트로마톨라이트 형태로 죽음을 기록하고 있었다. 이 화석은 햇빛 덕분에 광합성이 가능한 얕은 물에서 축적한 끈적한 박테리아 매트에서 형성된 것이다. 20억 년 전쯤에는 지구를 둘러싼 기체 중에 산소가 있었고, 새로운 형태의 미화석들이 지각층에서 형성되었다. 조류藻類와 몸이 부드러운 동물들이 그 뒤를 이었다. 육지에 생명체의 서식지가 생겼다. 어류가 바다에서 헤엄쳤다. 양서류가 육지 위로 올라왔다. 곤충과 식물이, 그다음에는 파충류가 등장했다.

지구상의 생명은 최소한 다섯 차례에 걸쳐 행성 규모로 타격을 입었다. 이 대량멸종 가운데 가장 파괴적인 사건은 2억 5100만 년 전에 있었다. 이 사건을 지질학적으로 추적해 보면 시베리아에서 캐나다, 그린란드, 오스트레일리아, 동남아시아에서까지 그 흔적이 발견된다. 이 가운데 가장 흥미로운 것은 남중국 저장성의 메이산에 있는 퇴적층이다. 이 퇴적층에는 화석이 가득한 석회암층이 재와 진흙에 밀봉되어 있다. 메이산 암석 시퀀스는 페름기가 붕괴한 뒤에 등장한 지질학 시대인 트라이아스기의 기초를 보여 주는 '세계 모식 단면'※으로 선발되었다. 그 원인을 감안할 때 이 특정한 멸종에 대한 관심은 충분히 이해할 만하다. 모두 대단히 빠르게 일어났기 때문이다. 난징대학교 선수중 교수와 그의 동료들은 2011년 『사이언스』에 발표한 논문에서 남중국 여러 지역에 있는 목탄과 그을음 층을 규명했다.

난데없는 건조함에 공격당한 전 세계 우림이 말라붙고 활활 타올랐다. 보호받지 못한 토양은 파괴적인 침식과 치명적인 곰팡이를 피하지 못했다. 바다는 산소 결핍 상태가 되었다. 페름기의 대량멸종으로 전 세계 생물종의 96퍼센트가 쓸려 나갔다. 그 이유는 시베리아에서 일어난 일련의 화산 폭발이 갑작스러운 이산화탄소와 메탄을 배출해 걷잡을 수 없는 온실효과와 극도의 지구온난화를 유발했기 때문일 가능성이 높다. 지구 역사상 최대 규모의 종 소멸이었으며, 여기서 다시 생태계가 회복하는 데 2천만 년이 걸렸다.

이보다 더 최근에 대량멸종을 유발한 것은 남부 멕시코에 떨어진 운석이었다. 약 6500만 년 전, 10킬로미터 너비의 우주 암석 덩어리가 유카탄반도와 충돌해서 150킬로미터에 달하는 큰 구멍을 만들고 어마어마한 먼지기둥을 대기권 상층부로 뿜어 올렸다. 태양광이 차단되고 기온이 급강하했다. 식물이 광합성을 할 수 없었다. 거대 파충류가 굶주림이나 추위로 죽어 나갔다. 공룡들은 거대한 물고기 같은 어룡, 17미터짜리 해룡 모사사우르스, 포식성인 수장룡 그리고 날개가 달린 익룡들과 함께 사라졌다. 힘이 곧 생존을 뜻하는 것은 아니었다. 백악기 말의 대기권 재난은 진화의 운영체제를 재가동했으며 생태적 빈 공간을 만들어서 호모 사피엔스의 조상 격인 동물들이 차지할 수 있는 자리를 열어 주었다.

300만 년 전쯤의 동아프리카로 빨리 되감기를 하면 그레이트리프트밸리의 장대한 풍경 속에 자리 잡은 우리

백악기의 다양성

© Arthur Dorety, Hell Creek Formation 66 MA

모습을 볼 수 있다. 지구의 두 구조판이 벌어지면서, 열대의 울창한 숲과 탁 트인 초원으로 이루어진 모자이크가 차지하던 지각에 거대한 협곡이 만들어지고 있었다. 낭떠러지와 나뭇가지의 그늘 속에는 사바나와 삼림 모두에 적응해서, 나무를 오르고 '다리'를 이용해서 선 채로 균형을 잡고 높은 데 매달린 과일을 손에 넣을 수 있는 똑똑한 유인원이 도사리고 있다. 이 유인원은 똑바로 서서 탁 트인 땅을 가로지를 수도 있다. 오스트랄로피테쿠스 아파렌시스는 도구를 만들고 사용하기도 한 것으로 보인다.

오스트랄로피테쿠스 아파렌시스처럼 다재다능한 원형적 인간의 진화를 촉발한 것 가운데 하나는 기후 변동성과 환경 교란이었다. 약 260만 년 전 북반구는 빙하로, 열대 지방은 더 건조하고 가문 환경으로 바뀌었다. 기온 하락이 온도 롤러코스터의 개시를 알렸다. 홍적세가 온 것이다. L1에서 보면 지구의 축에 해당하는 양 끝에서 빛을 반사하는 흰 방패가 늘어났다가 줄어드는 모습을 확인할 수 있었으리라. 바로 그런 일이 홍적세가 진행되는 동안 스물두 번 정도 일어났다.

북반구에서 극단적인 빙하기와 상대적으로 훈훈한 간빙기가 번갈아 가며 나타나는 것이 주기적인 패턴이 된 반면, 동아프리카의 상황은 더 극심했다. 100만여 년 동안 동아프리카의 기후는 극도의 초건조 상태와 과잉 강수 사이에서 널을 뛰며 삼림이 사바나 초원으로 바뀌었다. 이런 새로운 형태의 기후변동성은 멸종과 종분화의 속도에 박차를 가했는데, 여기서 승자는 환경교란을 감당할 수 있는 자들이었다. 이 변화의 소용돌이가 몰아치는 아프리카로 호모속(屬)이 성큼성큼 걸어 들어갔다.

같은 호모속 중에서도 종에 따라 성공의 정도가 달랐다. 뇌의 부피가 1100세제곱센티미터 정도이고 일어서면 키가 1.6미터 정도이며 도구를 사용하는 호모 에렉투스는 모든 기록을 경신하고 인간 종의 생존을 이끌었다. '직립인'은 아프리카 밖으로 걸어 나갔으며 약 200만 년을 견뎠다. 초기 전형이 조지아, 남부 유럽 그리고 중국 동부에서 발견되었다. 호모 솔로엔시스는 열대지방에서 생존하는 데 적응했다. 호모 네안데르탈렌시스는 한대기후에 적응해서 도구와 불을 사용하며 유럽의 많은 지역으로 퍼져 나갔지만, 더 작은 1400세제곱센티미터짜리 뇌를 보유하고 30만 년 전부터 20만 년 전 사이에 등장한 호모 사피엔스에게 추월당했다.

가장 최근의 열 충돌과 회복은 인간이 적응력을 어느

정도까지 갖추었는지를 보여 준다. 불과 2만 2천 년 전, 캐나다와 유럽 북부는 4킬로미터에 이르는 파란 얼음 아래 눌려 있었다. 동아시아와 안데스 남부의 고지대는 만년설에 덮여 있었다. 2만 년 전 마지막 빙하기가 절정에 달했을 때 육지의 기온은 섭씨 20도 더 떨어졌고, 그래서 지구상의 많은 물이 얼음으로 고정되어 전 세계의 해수면이 100미터 이상 내려갔다. 섬들과 심지어 대륙들이 지협에 의해 연결되었다. 사람들은 아시아와 아메리카 대륙 사이를 걸어서 이동할 수 있었으며, 영국도 유럽과 연결되었다.

바로 지금, 우리는 약 1만 1700년 전에 시작된 간빙기를 지나고 있다. 극단적인 기후변화로 기온이 급상승하여 북아메리카와 유럽 대륙을 뒤덮고 있던 빙하가 사라진 것이다. 사하라사막에 잠시 담수호가 만들어지고 식생이 무성하기도 했다. 그 뒤 역전 현상이 일어났지만 호모 사피엔스의 등장을 막지는 못했다. 화산 분출, 허리케인, 홍수, 산사태, 질병과 전쟁 같은 파국적인 사건 때문에 끔찍한 참화가 일어나고 있긴 하지만 말이다. 날이 갈수록 기후변화는 신문 머리기사를 장식하는 재난과 연결되는 일이 많아진다. 맨체스터대학교의 제이미 우드워드 교수는 "기후온난화의 시기인 지금, 역설적이게도 과거의 빙하기 연구가 그

어느 때보다 더 중요하다"고 말한다.

그러니까 기체와 먼지의 우주적인 소용돌이가 나비와 어린이에게 맞춤한 행성으로 진화하는 데 약 46억 년이 걸렸다. 검은 우주 안의 푸른 점은 이제 약 870만 종을 거느리는 것으로 추정된다.

이 복잡한 생명의 그물이 존재할 수 있는 이유는 우주가 만물과 연결되면서도 독립된 하나의 시스템으로 작동하기 때문이다. '복잡한'이라는 단어로는 이 시스템의 작동방식을 설명하기 힘들다. 사실 이 시스템은 워낙 다채롭고 난해해서 지금으로서는 컴퓨터로도 제대로 된 모델을 만들지 못하고 있다. 그러나 사안이 사안인지라 2000년에 지질학자 리처드 앨리가 말한 지구를 위한 '운영자 매뉴얼' 작업에 수천 명의 과학자들이 매달리고 있다. 지구의 시스템을 구성하는 다양한 요소들이 어떻게 작동하는지, '그것들이 어떻게 함께 얽혀 있고 서로에게 의지하는지'를 더 분명하게 이해하는 작업을 하고 있는 것이다.

태양을 중심으로 공전하는 이 상호작용의 시스템으로 이루어진 구체에서 물총새가 앤트강을 스쳐 지나가거나, 야크가 티베트의 초원에서 풀을 뜯을 수 있게 만드는 것은 무엇일까? 지구의 시스템을 단순화하는 한 가지 방법은 서로 연관된 네 요소 또는 '권역'인 암석권·대기권·수권·생물권으로 나누어 생각하는 것이다. 이는 각각 땅, 공기, 물, 생명에 해당한다.

'암석의 영역'을 뜻하는 암석권은 지구 최상층부로, 지각 자체와 맨틀의 상부로 구성된다. 암석권은 1년에 몇 센티미터의 속도로 움직이는 숱한 구조판으로 나뉜다. 아프리카가 남아메리카, 북아메리카 그리고 남극대륙과 이어진 시절이 있었다. 구조판의 충돌로 히말라야와 알프스 같은 산맥이 만들어졌다. 그러나 우리는 발밑의 땅에 관해서는 아는 게 거의 없다. 78억 킬로미터에 달하는 화성 여행에 우주선을 띄워 보낼 능력은 있지만, 우리가 지구의 지각에 만들어 낸 가장 깊은 인공적인 구멍은 12킬로미터밖에 되지 않는다. 이 구멍은 1992년에 소련 지질학자들이 콜라반도에서 시추했다가 폐기한 것이다. 열과 압력이 너무 심해서 시추가 중단되자 구멍이 눌려 닫혀 버렸다.

암석권의 표면에서는 기후가 경이롭도록 다채로운 경관을 만들어 냈다. 지구의 육지 가운데 사막으로 정의되는 5분의 1은 연강수량이 25센티미터 이하다. 중위도를 에워싼 뜨거운 사막은 놀라운 지형들로 장식되어 있다. 바람이 불면 굴곡진 능선이 깃털처럼 섬세하게 자라나는 초승달 형태의 사구, 날아다니는 모래 알갱이에 의해 밑동이 깎인 버섯형 바위, 자갈이 점점이 박힌 평원, 틈이 말라서 벌어지며 생긴 벼랑……

지구 시스템의 둘째 요소는 중력에 의해 지구 표면에 머물러 있는 기체의 층인 대기권이다. 지구의 지름에 견주면 대기권은 얇다. 산악지역에서 3천여 미터 정도를 올라가면 나는 슬슬 산소 부족을 감지하고, 6천 미터에 이르면 증기 엔진처럼 헐떡거린다. 대기권의 맨 아래층인 대류권은 최대 1만 미터 정도인데, 바로 이 층 안에서 기상 사건과 구름, 강수의 대부분이 일어난다. 대류권 위가 50킬로미터 위까지 이어지는 성층권이고, 그 위가 85킬로미터 위로 올라가는 중간권이다. 이 층의 정상부 근처 온도는 영하 90도까지 떨어진다. 중간권 위는 지구에서 330킬로미터 떨어져 궤도를 도는, 국제우주정거장이 있는 열권이다. 그리고 대기권 바깥쪽 경계에 있는 곳은 외기권으로, 산소가 너무 희박해서 어떤 과학자들은 우주의 일부로 여기기도 한다. 대기권 안에는 생명체에 반드시 필요한 기체들이 혼합되어 있는데, 양을 기준으로 하면 질소가 78퍼센트, 산소가 21퍼센트, 수증기가 1퍼센트, 이산화탄소가 0.04퍼센트를 차지한다.

시스템의 셋째 요소인 수권은 액체, 증기, 얼음 형태의 물을 말한다. 여기에는 모든 대양과 바다, 호수·하천·지천 같은 담수역, 토양과 암석 안에 있는 수분, 대기의 습기, 얼음 결정, 영구동결층, 해빙, 빙상, 빙하 등이 들어간다. 지표면의 약 71퍼센트가 물에 덮여 있지만 사실상 거의 전부라 할 수 있는 97퍼센트가 해수다. 용적으로 보았을 때 대양의 약 80퍼센트가 섭씨 5도 이하이지만 열대지방의 지표수온도는 무려 30도나 된다. 해수의 염도는 수억 년 동안 꽤 일정했지만, 지질학적 시간으로 거슬러 올라가면 바닷속에 소금이 더 적었다.

마지막 네 번째 '권역'인 생물권은 곰팡이·식물·동물을 비롯해 여러분과 나 같은 사람을 아우르는, 모든 살아 있는 유기체를 담고 있다. 사실상 이 모든 생명이 지상 200미터 이하, 지하 3미터 이내의 가늘고 붐비는 띠 안에 존재한다.

지구를 종에 따라 정의할 수 있는 지리학적 구역인 '생물군계'로 나누는 방법은 다양하다. 가장 단순하게는 두 개의 생물군계가 있다. 하나는 물이 바탕인 생물군계이고 다른 하나는 지상의 생물군계다. 그렇지만 생물군계는 바다, 담수, 초원, 숲, 사막, 툰드라로 분류할 수도 있다. 이보다 훨씬 작게는 이를테면 숲을 낙엽수림, 열대림, 타이가로 나누는 방식으로 구분할 수도 있다. 세계야생동물기금은 14가지 주요 육지생물군계 분류법을 사용한다. 시계 속에 컴퓨터 한 대를 통째로 끼워 넣는 법을 발견한 종치고는 기이하게도, 우리는 우리의 생물군계에 얼마나 많은 종이 있는지 확실히 알지 못한다. 내가 앞에서 언급한 870만이라는 수치는 2011년에 발표된 어느 과학 논문에서 가져온 것으로, 이 논문 역시 바다에 있는 종의 91퍼센트와 육지에 있는 종의 86퍼센트가 아직 정확히 규명되지 않은 상태라는 결론을 내렸다.

지구의 육지 가운데 3분의 1에 조금 못 미치는 면적이 생명이 가득 피어오르는 녹색 벨트인 숲으로 덮여 있고, 3분의 1이 조금 넘는 면적이 농지다. '도시 토지'에 대해서는 폭넓게 합의하는 정의가 없기 때문에 마을과 도시가 차지한 육지의 양을 추정하기는 힘들다. 그러나 2014년에 학자 네 명이 도시화의 세 척도를 고안하여 작은 돌파구를 마련했다. 홍콩중문대학교의 류즈펑 교수와 동료들은 '전 세계 도시 토지'(행정구역에 따라 정해진 도시지역)가 지구 면적의 3퍼센트에 달한다고 밝혔다.

그런데 이제 문제가 있다. 이 '권역' 4총사는 부단히 상호작용하는 상태로 존재한다. 예컨대 암석권의 표면은 수권의 비와 하천과 조수가 만들어 내는 물질의 움직임과 풍화, 침식에 의해 꾸준히 변형된다. 과거 여러 시기에 암석권의 화산 분출이 대기권으로 재를 뿜어 올려 기후를, 그리고 수권을 바꾸고 생물권을 흔들어 놓기도 했다.

대기권은 천연 온도조절 장치처럼 작동해서, 지구의 기온을 관장하는 에너지 흐름에 반응한다. 태양에서 들어오는 단파 복사의 약 3분의 1이 우주로 반사되고, 나머지를 흡수한 바다와 육지는 장파 복사로 이 에너지를 뿜어낸다. 이 가운데 일부가 수증기, 이산화탄소, 메탄, 아산화질소 같은 온실가스에 의해 흡수되어 대기를 온난하게 만드는 영향력을 행사한다. 온실가스가 없으면 지구는 인간이 살기에 너무 추운 곳이었으리라.

수권의 자연적 순환, 즉 물순환은 물을 다른 세 '권역'을 관통하는 일주여행으로 실어 보낸다. 바다에서 출발한 물은 수증기로 대기권으로 올라갔다가 비나 눈으로 응결되어 암석권에 해당하는 산지와 평원에 떨어져 다시 바다로 가는 길에 생물권을 비옥하게 만든다. 지질학적 탄소순환은 탄소가 바다와 육지와 대기권을 오가게 만들고, 이 과정에서 일어나는 화학적 반응은 긴 시간 동안 안정된 상태를 유지하는 탄소 저장소를 만들어 낸다. 암석, 바다, 식물이 모두 탄소 저장소다(비축분, 풀pool, 저류지라고도 한다). 탄소의 생성과 흡수의 순환에는 균형이 있지만 화산 분출 같은 사건으로 교란될 수 있다. 때로 화산은 막대한 양의 탄소를 대기권으로 뿜어내기 때문이다.

생물권에서는 산호와 북극곰, 농부와 은행가, 개미와 영양에 이르는 모든 생명 그리고 맹그로브와 사막에 이르는 모든 생물권계가 나머지 다른 '권역들'과 꾸준히 상호작용하면서 존재한다.

지구와 이 모든 권역을 아우르는 과학이 바로 지리학인데, 지리학을 뜻하는 영어 단어 geography는 '지구 설명'에 해당하는 그리스어에서 온 단어다. 지리학은 천 년 이상 호모 사피엔스를 매료시킨 주제이자, 우리가 이 세상과 그 안의 사람·장소·환경을 파악하는 데 도움을 준 호기심 넘치는 분야다.

2장
물의 세계

이 장에서는 네 권역 중 하나의 경이와 복잡함을 탐구하고 자 한다. 내가 선택한 권역은 수권이다.

오래전 나는 운 좋게도 아마존 상류에서 통나무배를 타고 짧은 여행을 할 기회가 있었다. 밤마다 빗방울이 바다 종착역을 향한 기나긴 여정을 시작했고, 때로 맹렬한 장대 비가 강을 얼룩덜룩하고 쉭쉭 소리를 내는 뱀으로 바꿔 놓았다. 물론 종착역 따위는 없었다. 빗방울이 강에 합류하는 순간은 시작이 아니라 끝나지 않는 순환에서 헤아릴 수 없는 표지판 중 하나일 뿐이었다. 일단 바다에 도착한 빗방울 은 수증기로 증발해서 위로 올라가 구름을 형성하고, 이 구름은 응결 과정을 거쳐 다시 빗방울로 내린다. 이것은 닫힌 시스템이다. 이 세상에서 물의 총량은 바뀌지 않는다. 모든 빗방울은 지구상에서 가장 아름다운 재활용 시스템에 속한다.

고지대 지천의 물에 합류하여 완전한 순환을 따라가 보자. 지표면과 대기 중의 담수 가운데 강에 의해 운반되는 것은 1.6퍼센트뿐이다. 이보다 훨씬 많은 67.4퍼센트가 호수에 저장되어 있다. 넘실대는 지천부터 구불구불한 사행천에 이르기까지, 가변성이 높으면서도 아름다운 하천의 물리적 형태는 인생 경로와 비슷한 구석이 있다. 지리학자들은 '젊은' 하천, '성숙한' 하천, '나이 든' 하천에 대해 이야기한다.

로버트 맥팔레인은 '장소-단어'를 다룬 책 『랜드마크』에서 조금씩 흘러가는 모양을 가리키는 드린들drindle, 폭포를 가리키는 핏틸pistyll, 앞뒤 가리지 않고 격분한 급류를 가리키는 버라글라스burraghlas처럼, 물의 이동을 나타내는 잉글랜드, 웨일스, 게일의 풍부한 어휘를 탐구한다. 그리고 하천은 청년기일 때 가장 정력적으로 생기를 표출한다. 수정빛 리본이 풀려 나오는 V형 계곡, 기반암 경계에 있는 폭포와 소, 부드러운 암석층 위에 쌓인 거칠고 오래된 암상에 흔적을 남기는 낙수, 낙수가 천 년 동안 후퇴하면서 드러난 협곡. 지하에서는 하천이 지각의 숨어 있는 배관을 통해 졸졸졸 흐르고 스미고 우르릉 포효하며, 지하 대수층과 지하수면에 물을 공급하고 용해와 침식으로 통로와 공동을 만들어 수 킬로미터 꿈틀대면서 가지를 뻗어 나가는 3차원 동굴시스템을 형성한다.

하천은 언제나 인문지리의 창조자였다. 인간의 상호작용을 매개하는 도관이자, 수렵채집자들을 불러 모으고, 야영과 헤이즐넛 조리를 위해, 말뚝형 원형집을 세우고 행진용 길로 사용하기 위해, 문명을 세우고 산업혁명에 도화선을 당기기 위해 사람들을 끌어들이는 선형의 자석 같은 존재다.

바로 이 냄새나는 하수도 한가운데서 인간 산업 최대의 하천이 등장하여 온 세상에 비옥함을 실어 나른다. 이 악취 나는 하수구에서 순금이 흘러나온다. 바로 여기서 인류가 혼자 힘으로 완벽함과 야수성을 동시에 달성하고, 문명은 경이를 빚어내며, 문명화한 인간이 다시 거의 야만인이 된다.

1835년의 맨체스터를 묘사한 알렉시스 드 토크빌의 글에서 오염된 어웰강은 도시의 '불안정한 창조적 힘'의 은유가 된다.

시간을 허투루 쓰지 않는 오늘날에는 하천이 인간의 정신을 북돋는다. 하천은 언제나 그랬다. (호모 네안데르탈렌시스가 송어가 노니는 못을 물끄러미 들여다보며 인생의 의미에 대해 골똘히 생각하는 모습을 상상하기란 어렵지 않다.) 하천은 수영과 낚시를 하고 부표처럼 둥둥 떠 있을 수 있는 장소이자, 화가·작가·시인들의 믿을 만한 뮤즈다. 파키스탄 출신의 영국 시인 임티아즈 다커는 "축축한 습지를 따라가는" 런던의 강과 "그것이 이 모든 세월과 함께 잠들 곳을 제공했던 피조물들의 온기"를 묘사하면서 옛 강의 혼령, 내가 일생 동안 알고 지낸 강이자 중석기시대 세사제방의 장례식부터 색슨족 뱃사람들과 패퇴한 제방 주민들에 이르기까지, 내게 천 가지 이야기를 들려준 강의 혼령을 소환한다.

단어들은 세사처럼 쌓이고, 책은 하류에서 제일 두꺼워진다. 터키의 해안에는 한때 목걸이처럼 주렁주렁 이어진 그리스의 식민지들과 밀레투스라고 하는 사상가들의 도시가 그리고 그 옆에는 미안데르강※이 있었다. 미안데르는

※ 지금의 멘데레스강.

그보다 먼저 있었던 유프라테스강과 티그리스강, 나일강이 그랬듯 자기만의 이야기를 만들어 냈고, 아득한 시공간 속에 놓인 사람들과 시인들의 서사 속에 신화적인 존재감을 드러냈다. 밀레투스로 흘러드는 이 강을 두고 퀸투스 스미르나이우스는 이렇게 적었다.

> 깊이 구르는 미안데르의 범람이 그 근방을 휩쓸었고,
> 무수한 가축들이 풀을 뜯는, 프리지아 고지대,
> 천 곳의 전면지 근처에서, 굽이치고, 휘몰아치고,
> 성급한 잔물결을 일으켜
> 카리아 사람들이 사는 덩굴의 땅으로 흘러내린다.

수 세대 동안 강은 그리스와 로마인의 상상 속을 흘러 다녔다. 그리스의 지리학자이자 역사가 스트라본은 '곡류하는'meandering의 형용사 용법을 낳은 것이 바로 이 미안데르강, "지나칠 정도로 굽이치는 그 경로"라고 주장했다. 로마의 시인 오비디우스는 미안데르가 "굽이치는 길을 따라 노닌다"고 썼고, 플리니우스는 이 강이 "너무 굴곡이 심해서 뒤로 돌아 반대 방향으로 흐른다고 종종 믿기도 한다"고 주장했다. 결국 너무 많은 세사가 미안데르 아래로 내려

와서 강은 질식해 버렸다. 오늘날 밀레투스의 잔해는 연안에서 10킬로미터 이상 떨어진 곳에서도 발견된다.

하천들이 연안에서 통과하는 관문은 지리학적 이야기가 축적된 도서관이다. '삼각주'delta라는 단어는 그리스 글자 Δ에서 유래한 것으로, 이 글자의 형태는 나일강의 펼친 부채와 닮은 꼴이다. 강물이 바다로 흘러들 때 부유물 가운데 거친 입자는 빨리 가라앉지만, 가는 입자는 더 멀리 떠내려가서 삼각주의 다양한 물줄기를 따라 나아간다. 강에 의해 퇴적된 침전물의 양이 연안의 움직임에 의해 제거되는 양을 넘어설 경우 삼각주는 재료의 공급량, 파도의 움직임, 조류 같은 변수에 따라 다양한 형태로 자라난다. 강의 천연제방이 지류의 물길 측면을 따라 이어지는 곳에서는 특유의 '조족 삼각주'가 발달한다. 마크 트웨인의 표현에 따르면 "낚싯대처럼 멕시코만 위로 돌출한" 미시시피강이 이런 경우다. 반대로 나일강은 궁형(아치형) 삼각주이며, 세계 최대 삼각주이자 1억 명 이상의 거처인 갠지스강도 그렇다.

그러고는 강은 이렇게 물이 만들어 낸 건축물을 가장자리에 늘어뜨리면서 바다에 닿는다. 곶과 해변, 모래톱과 전면지처럼 퇴적에 의해 만들어진 구조물과 침식을 거치면서 깎인 지형, 낭떠러지, 아치, 굴뚝처럼 솟아오르거나 나무

그루터기처럼 땅딸한 암석, 동굴 같은·

　나는 10년 동안 연안을 다룬 영상 80여편을 BBC에 제공했으며, 덕분에 런던의 풋내기 뱃사람인 나는 '가장자리' 개념을 다시 생각해 볼 수 있었다. 시간이 지나면서 나는 육지의 물리적 한계를 문지방으로 이해하게 되었다. 바다를 향한 우리의 영원한 애착에 관해 배우면 배울수록 육지의 한계를 적게 느꼈는데, 이는 통가 작가 에펠리 하우오파에게 익숙한 감정이다. 하우오파에 따르면 오세아니아 토착민은 이 세상을 다르게 바라보았다. "그들의 우주는 육지의 표면만이 아니라 자신이 가로지르고 활용할 수 있는 한 주변 바다로도 이루어졌다." "바다에 가상의 선을 그어서 바다 민족을 작디작은 공간에 밀어 넣은 식민지 경계를 처음으로 만든 장본인은 대륙의 사람들, 유럽인과 미국인"이었다. 태평양은 "섬들로 이루어진 바다"이기를 멈추고 "먼 바다 안의 섬들…… 망망대해에 있는 작고 고립된 점"이 되었다.

　작은 배를 타고 지구의 푸른 바다를 누벼 본 모든 사람은 바다가 바람과 조수와 해류의 복잡한 힘에 맞춰 움직인다는 사실을 안다. 가장 장대한 규모에서 보면 열염분 순환 또는 대양대순환해류라고 하는 전 지구적인 흐름이 있다. 복잡하고 곁가지가 많으며 고리 모양으로 움직이는 이 해류 시스템은 태양열에서 얻은 에너지를 모든 주요 바다로 분산하고, 대기의 이산화탄소를 깊은 바다로 이동시키며, 영양물질을 표면으로 보내 지역 생태계와 어장을 부양한다.

어느 나른한 오후, 우리는 프랑스행 브릭스햄 항해용 트롤선에 올라 여행을 마무리한다. 이것은 여행에 관한 내 기억창고가 멋대로 내민 이미지다. 트롤선의 상처투성이 선체 너머의 따뜻한 바다에서 수증기가 증발하고, 20년 전 아마존강을 얼룩지게 만들었던 물 분자 일부가 포함된 구름이 형성된다. 물순환은 그렇게 이어진다.

수권 중에는 또 다른 중요한 부분이 있다. 움직이는 물 시스템과 상호작용하는 얼음 시스템, 바로 빙권이다. 세상에서 가장 큰 빙상은 지구 담수의 60퍼센트를 저장하고 있는, 빙점 이하의 1400만 제곱킬로미터짜리 초대형 거울인 남극대륙이다. 남극대륙은 별난 냉동창고이자 극지방 대륙이다. 남극대륙의 얼음은 두께가 다양하다. 지면이 고르지 않기 때문이다. 남극 동부의 빙상은 산맥과 골짜기 위에 걸쳐져 있지만, 서부 빙상의 일부는 해수면 아래로 2500미터 이상 뻗어 나간다.

남극대륙의 이미지에는 변함없이 얼어붙은 부동성의 느낌이 담겨 있지만, 느리게 삐걱이며 움직이는 빙하와 그보다 빠르게 최고 연 1천 미터의 속도로 흐르는 '빙류'ice streams가 이 혹한의 세상을 쪼개 놓는다. 이런 빙류 중에는 폭 50킬로미터, 두께 2천 미터 그리고 흐름의 길이가 수백 킬로미터에 달하는 것도 있는데, 그 바닥은 물 때문에 미끄러운 경우가 많다. 빙상은 바다와 만나면 물 위에 둥둥 뜨는 빙붕이 된다. 얼음은 물보다 밀도가 낮기 때문이다. 일부가 부서지면 빙산이 된다. 그래서 남극대륙은 투입물과 산출물을 다른 시스템과 주고받는 열린 시스템으로 작동한다. 눈이 내리면 빙하에 얼음으로 쌓이다가 결국에는 바다로 녹아 들어간다.

빙하작용은 지구상에서 가장 장관인 아름다운 작용 중 하나다. 요세미티나 마터호른이나 세로토레나 마차푸차레를 바라보면서 자연의 힘이 빚어낸 창의적인 상호작용에 헉하고 숨을 들이쉬지 않을 사람이 있을까? 날카로운 정상 사이로 흘러내린 빙폭이 연출한 장관 앞에서는? 얼음이 이 빙하로 덮인 경관을 조각하는 숱한 방식 가운데 하나는 동결 파쇄를 거치는 것이다. 물이 얼면 부피가 약 9퍼센트 팽창해서 암석 안에 있는 균열이 더 커진다. 고요하고 추운

밤 산속에서는 돌덩어리가 갈라지고 떨어지고 조각나면서 폭발에 의한 파쇄가 일어날 수 있다. 날카롭고 각진 암석 파편은 빙하의 아랫면을, 교과서에 나오는 U자형 계곡을 파내는 거대한 줄칼로 탈바꿈한다.

홍적세 빙하기는 최소한 지질학적 관점에서는 워낙 최근이고 빙하작용은 진행 중인 과정이므로, 이 경관의 많은 요소 안에는 빙권계의 예술 중에서도 신선한 붓질이 담겨 있다. 예컨대 작은 호수의 잔잔한 물을 가두는 댐 역할을 할 수 있는 높이 솟은 가장자리와 벼랑 같은 뒷벽이 있는 산비탈의 깊은 굴 '코리'corrie, 코리 서너 개의 뒷벽이 아찔한 돌출부에서 만나는 피라미드형 정상, 인접한 빙하들이 산비탈에 끼어들어서 칼날 같은 경사진 등성이를 만든 아레테, 빙하가 계곡의 낮은쪽 끝에서 미끄러지며 위에 매달린 지상낙원을 남겨 놓은 현곡.

그리고 더 작은 특징들도 있다. 빙하작용으로 완만해진 야트막한 언덕, 빙하의 이동 방향을 보여 주는 스크래치가 남아 있는 반짝이는 빙판, 계곡 측면을 따라 만조 수위의 흔적처럼 줄지어 선 돌멩이들, 빙하 돌출부에 의해 지금의 자리로 밀린 둑과 오래전에 사라진 빙하에 떠밀려서 멀리 떨어진 곳에 부려진 바람에 마치 어울리지 않는 홍적세의 예술작품처럼 오늘날까지 그 자리에 머물러 있는 거대한 바위. 맨체스터대학교 사각 정원에 기념비적 위용을 뽐내며 자리를 차지하고 있는 20톤짜리 안산암은 약 130킬로미터 떨어진 레이크디스트릭트의 산악지대에서 여정을 시작했다.

빙하의 '표석'漂石은 다른 시대, 다른 장소에서 온 이야기꾼이다. 네덜란드의 부드럽고 평평한 해안 퇴적물 한가운데, 자위더르해에 있는 과거의 어떤 섬은 노르웨이의 얼음이 실어 온 거대한 돌덩어리들로 장식되어 있다. 캐나다의 캘거리에서 약 한 시간 떨어진 7번 고속도로변 초원 위에는 오코톡스 표석이 뭉개진 거석 창고처럼 놓여 있다. 자체 주차장이 딸린 1만 6500톤짜리 이 거대한 표석은 재스퍼국립공원에서 빙하를 타고 300킬로미터를 이동한 것으로 추정된다.

물론 이게 다가 아니다. 나는 이를테면 물순환에서 여과나 식생 저장의 역할, 또는 이 닫힌 시스템의 다른 숱한 중요한 요소들은 언급하지도 않았다. 이제 다음으로 넘어갈 차례다. 물순환은 지금도 변화하고 있다. 이 간빙기 초반, 인간이 이미 농업으로 전환하고 난 뒤에도 물순환은 상대적으로 손상이 적어서 물은 맑게 흐르고 연어는 훨씬 깊

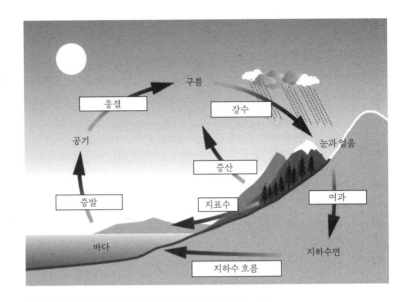

지구의 물순환

은 내륙으로 헤엄쳤으며 시스템은 웬만큼 균형이 잡혀 있었다. 그러나 이제 더는 그렇지가 않다.

불에 대한 인간의 의존은 산업혁명이 시작되면서 걷잡을 수 없이 불타올랐다. 수억 년 동안 땅속에 묻혀 있던 연료가 연기 속에서 사라졌다. 석탄, 석유, 천연가스가 연소되면서 그 안에 저장되어 있던 탄소가 대기에 이산화탄소와 메탄으로 배출됐는데, 이 두 기체 모두 강력한 온실가스다. 그 결과 지구의 평균기온이 높아졌으며, 이는 지구 시스템의 변화를 촉발하고 있다.

극빙의 핵심 역할 중 하나는 지구로 유입되는 태양에너지를 우주로 반사하는 것이다. 표면의 반사 정도를 '알베도'albedo라고 한다. 얼음·눈·구름의 알베도는 40-80퍼센트로 높은 편이며, 이는 지구가 과열되지 않게 예방하는 데 도움을 준다. 예를 들어 아스팔트 표면의 알베도는 5-10퍼센트로 낮다.

빙하기가 끝난 뒤 북극과 남극은 모두 얼어붙은 바다에 둘러싸여 있었다. 과거의 남극대륙에서는 겨울마다 약 2천만 제곱미터의 바다가 얼어서 두 배로 커지곤 했다. 남극의 여름에는 이 염분기 있는 얼음이 약 300만 제곱킬로미터로 줄어들곤 했다. 그러나 남극대륙 주위의 해빙이 점점 변덕스러워지고 있다. 2017년 3월에는 여름철 해빙이 200만 제곱킬로미터로 줄어들었는데, 이는 1979년에 위성 관측을 시작한 이후로 가장 적은 양이었다.

북극에서도 동결과 융해의 순환이 큰 혼란을 겪고 있는 듯하다. 서사시에 가까운 한 상호상관관계 연구에서 어떤 미국 과학자팀이 다양한 역사적 자료를 이용해 월간 시간분해능monthly time resolution으로 1850년으로 거슬러 올라가며 북극 해빙의 양을 추적했는데, 21세기에 나타난 해빙의 감소에 필적할 만한 전례가 북극 어디에서도 없었던 것으로 드러났다. 이는 그린란드 사람들에게는 별스러운 소식이 아니다. 2017년 이누이트극지의회 전임 회장이자 작가인 아콸룩 링게는 과거를 회상하며 "우리는 12월 무렵에는 개썰매를 타고 얼음 위를 달리곤 했지만 지난 15년 동안은 얼음이 전혀 없었다"고 말했다.

북극에서 여름의 해빙은 1979년 이후로 10년에 10퍼센트의 속도로 줄어들고 있다. 지금은 북극해가 언제 '얼음이 없는' 상태에 도달할지 알 수 없다. '얼음이 없는' 상태는 보통 얼음이 100만 제곱미터 이하인 경우로 정의된다. 미국해양대기청의 제임스 오버랜드와 왕무인은 "21세기 전반기 중 10-20년 이내에 크게 유실될 가능성이 있다"고 판

단했다. 기후변화에관한정부간협의체IPCC의 2013년 5차 평가보고서에서는 북극의 얼음이 이번 세기 늦게까지 남아 있으리라는 데 의견을 모았다. 영국남극연구소는 파리협약의 기온감축 목표를 달성할 경우 얼음이 없는 북극해를 막을 "가능성이 있다"고 말했다.

해빙과학자 피터 워덤스는 『얼음이여 안녕』A Fairewell to Ice(2016)에서 IPCC가 사용한 모델을 비판하고 워싱턴대학교의 범북극얼음대양모델링동화시스템PIOMAS을 이용해 북극해의 '죽음의 소용돌이'가 '대략 2020년의 마지막 일'에 끝날 것이라고 예측했다. 워덤스는 북극해가 처음으로 얼음이 없는 달을 경험하고 나면 부빙이 수면의 10퍼센트 이하인 개빙* 계절이 '몇 년 내에' 4개월이나 5개월로 늘어날 것이라고 생각한다. 북극 해빙의 유실이 야기하는 가장 곤란한 영향 두 가지는 알베도의 감소 그리고 북극 해저의 융해다. 워덤스의 추정에 따르면 북극 알베도의 감소는 지난 25년치의 이산화탄소 배출과 맞먹는 지구온난화 효과를 가져올 수 있다. 또한 북극의 해저가 융해되면 매장되어 있던 메탄이 배출된다. 메탄은 분자당 온실효과가 이산화탄소보다 23배나 더 강력하다.

남극대륙의 빙하도 잘게 부서지고 있다. 1968년 오하

---

* 얼음이 얼지 않는 바다.

이오주립대학교의 빙하학자 존 머서는 동료들에게 만년설의 융해는 급속한 해수면 상승을 유발할 수 있다며 경고했다. 10년 뒤 머서는 "퇴빙은 산업문명이 화석연료에서 다른 에너지원으로 넘어갈 충분한 시간을 벌기 위해 지불할 수밖에 없는 대가의 일부일지 모른다"는 글로 자신의 경고를 되풀이했다.

오늘날 바다와 대기가 온난해지면서 빙하가 얇아지고, 유실되는 얼음의 양이 점점 늘고 있다. 남극대륙 최대 규모의 빙하 가운데 일부는 녹는 속도가 무려 50퍼센트까지 빨라졌으며, 얼음이 너무 빨리 녹고 있어서 전 세계 해수면 상승에 상당한 원인을 제공한다. 모두 합해서 서남극 빙상의 3분의 1만큼의 물을 배출하는, 인접한 다섯 군데의 빙하 집수지는 불과 6년 만에 빙하 유실 속도가 두 배로 빨라졌으며, 지금은 전 세계 해수면 상승에 약 10퍼센트 기여하고 있다.

남극반도 가장자리를 따라 일련의 빙붕이 무너지는 중이다. 1995년에는 거대한 라르센 A 빙붕이 무너졌고, 2002년에는 라르센 B 빙붕이 그 뒤를 이었다. 2014년에는 라르센 C 빙붕에 거대한 균열이 생겼고, 2017년 7월에는 델라웨어주 크기의 빙산이 떨어져 나갔다. 전체적으로 남극의 얼음 안에 갇힌 담수는 전 세계 해수면을 70미터 상승시킬 수 있을 정도의 양이다.

세상의 반대편 끝에서는 표면이 녹는 동시에 빙하가 분리되면서 그린란드의 전반적인 얼음 면적이 급격히 줄고 있다. 2002년부터 2016년 사이에 연간 유실된 얼음의 양은 약 280기가톤으로, 해마다 전 세계 해수면을 0.8밀리미터씩 상승시킬 수 있을 만큼이었다. 그린란드에서 녹고 있는 얼음이 어쩌면 열염분 순환의 북쪽 외연이 약해지는 이유일 수 있다는 증거 역시 쌓여 간다. 잦아들고 있는 멕시코 만류가 기후 재난 영화 『투모로우』에 묘사된 종말론적인 시나리오를 촉발하지는 않겠지만, 여러 연구는 기후가 영향을 받고 심해 생태계가 바뀔 수 있음을 시사한다. 하루빨리 더 많은 연구가 이루어져야 한다.

해수면 상승의 가속화에는 인도주의와 관련된 후과가 따른다. 전 세계 평균기온의 상승은 열팽창과 극지방의 빙상과 산악지역 빙하의 융해를 통해 세계 해양의 부피를 팽창시키고 있다. 1870년부터 2010년까지 해수면은 21센티미터 상승했는데, 이제는 지구 시스템의 에너지가 바뀌었기 때문에 해수면은 꾸준히 높아질 것이다. 기후과학자들은 평균 해수면이 2100년까지 30센티미터에서 1미터까지

상승할 수 있다고 추정한다.

태평양에 목걸이처럼 늘어선 33개의 저지대 섬으로 이루어진 나라 키리바시의 주민들은 앞으로 50년 동안 고국이 사라질 사태에 대비하고 있다. 키리바시 대통령 아노트 통은 최초의 기후 이주를 위해 태평양을 가로질러 2천 킬로미터 떨어진 피지의 여러 섬 중 하나에서 땅을 구매하는 협상을 진행했다. 피지의 경우 해수면 상승의 영향을 해결하려면 앞으로 피지 10년간의 GDP에 맞먹는 액수인 45억 달러의 비용이 필요한 상황이다.

전 세계에서 가장 많은 피해를 입는 지역은 인구밀도가 높고 지대가 낮은 해안지역이 될 것이다. 갠지스-브라마푸트라 초대형 삼각주에서는 해수면 상승으로 2050년까지 자그마치 300만 명이 피해를 입을 수 있다. 최악의 시나리오에 따르면 방글라데시는 이번 세기 말쯤에 국토 면적의 약 4분의 1을 잃게 된다. 그리고 2017년 본에서 열린 유엔기후변화회의가 그리스·벨기에·네덜란드가 특히 위험할 수 있다고 지목하면서 유럽인들도 남의 일이 아니라는 경각심을 느끼게 되었다. 베네치아는 55억 유로를 들여서 57개의 홍수 방벽을 만드는 중이다.

지구가 더워지면 해수면 상승에 그치지 않고 열파와

가뭄, 홍수의 빈도가 늘어날 것이다. 2003년 8월, 고기압대가 오랫동안 서유럽 상공에 머물렀다. 기온이 높아지자 다뉴브강의 수위가 100년 만에 최저치로 내려갔고, 제2차세계대전 때의 불발탄과 탱크들이 드러났다. 공공 상수도와 수력발전에 젖줄과도 같은 강과 저수지 들이 더 이상 흐르지 않거나 고갈되었다. 나뭇잎이 물기 없이 바싹 마른 탓에 대륙 전역에서 산불이 발생했다. 포르투갈에서는 룩셈부르크와 맞먹는 면적이 불에 탔다. 알프스에서는 만년설이 녹는 속도가 빨라지면서 낙석이 유발되었다. 유럽 전체에서 더위 관련 사망자가 7만 명에 이르렀다. 가장 크게 타격을 입은 프랑스는 극한더위계획을 동원했음에도 사망률이 60퍼센트 늘었다. 2050년쯤에는 2003년의 여름 기온이 '정상'이 될 것으로 예상된다.

가뭄은 더 빈발할 것으로 예측된다. 최근에는 가뭄이 몇 달, 심지어는 몇 년 동안 이어지기도 했다. 2011년부터 2012년까지 동아프리카는 60년 만에 가장 혹독한 가뭄을 겪었다. 작황이 형편없었고 가축들이 큰 피해를 입었으며 곡물 가격이 뛰어올랐다. 물, 음식, 응급 의료서비스가 필요한 사람이 약 1330만 명에 달했고, 소말리아에서는 수십만 명이 가뭄과 갈등 때문에 고국을 등졌다. 2013년에 영국기

상청 해들리센터의 세 과학자가 발표한 연구보고서는 "인간의 영향"이 우기가 "2011년만큼 건조하거나, 그보다 더 건조해질" 가능성을 높이는 것으로 확인되었다는 결론을 내렸다.

기후변화 때문에 심각해진 위험 중 하나는 가뭄에 취약한 지역은 가뭄을 더 자주 겪게 되고, 가뭄이 익숙하지 않은 지역도 가뭄의 타격을 입을 수 있다는 점이다. 2015-2017년의 극심한 가뭄은 케이프타운시를 물이 고갈되기 직전까지 몰고 갔으며, 이 때문에 약 5만 명이 빈곤선 아래로 추락했다.

홍수 역시 증가할 것으로 예상된다. 2010년에 파키스탄에 들이닥친 홍수는 파키스탄 역사상 가장 큰 피해를 유발한 몬순 강우에 의해 촉발되었다. 인더스강의 둑이 터지면서 홍수가 남쪽으로 휘몰아쳐 펀자브주·발루치스탄주·신드주를 휩쓸어 국토 면적의 5분의 1이 물에 잠겼고 1985명이 목숨을 잃었으며, 1800만 명이 피해를 입고 1만 군데의 학교가 파괴되거나 훼손되었다. 이듬해에도 몬순 홍수로 100만 채 이상의 가옥이 파손되고 600만 명이 피해를 입었다. 홍수는 3년 내리 발생해서, 2012년에는 최소 450명이 목숨을 잃고 480만여 명이 피해를 입었다. 그리고 2013년에도 또 일어났다. 2017년 8월의 몬순 강우는 인도, 방글라데시, 파키스탄에서 1200명의 목숨을 앗아 가고 4천만 명에게 피해를 입혔다. 뭄바이 거리는 허리 깊이의 강이 되었다. 기후 시뮬레이션에 따르면 미래의 몬순은 더 심각해진다. 인도양이 더워지면서 더 많은 습기가 육지와 바다 사이의 더 가팔라진 온난 대비를 가로질러 인도가 있는 북쪽으로 이동하기 때문이다.

물순환을 곤경에 빠뜨리는 건 기후만이 아니다. 수렵 채집인들이 벌목으로 표토를 헐겁게 만들어 이렇게 헐거워진 표토가 강으로 흘러가 토사를 만들었다. 이후 삼림 파괴는 수문학에 꾸준히 영향을 끼쳤다. 오늘날에는 삼림 파괴가 물순환에 훨씬 큰 영향을 준다. 국지적인 수준에서 폭넓은 벌목은 빗물의 유출을 가속화하고 침식과 산사태, 하류의 범람을 유발한다. 범람의 위험이 가장 높은 지역사회는 상대적으로 빈곤할 때가 많고, 데이터가 부족하긴 하지만 인도네시아 보르네오에서 실시한 연구에 따르면 삼림 파괴는 홍수의 빈도를 증가시켰다. 3년 동안 홍수 때문에 거처가 바뀐 사람은 75만 명이 넘는다. 가장 피해가 큰 지역은 광산업과 오일팜 플랜테이션 때문에 삼림이 파괴된 지역으로 확인되었다.

삼림 파괴는 물순환을 다른 방식으로도 어렵게 만들 수 있다. 아마존 분지의 범람원 호수에서는 벌목으로 나뭇잎, 열매, 곤충, 그 밖에 물고기들이 먹는 잡다한 부스러기 같은 '나무 식량'이 줄어들어 어류가 감소하고 있다. 아마존은 배수 유역이 워낙 넓어서 자체적인 우림 물순환이 있을 정도다. 여기에서 너무 많은 물이 증발해 자체적인 구름과 '공중 하천'이 형성되어 수증기를 브라질 남동부와 이 나라에서 가장 큰 두 도시 상파울루와 리우데자네이루로 이동시킨다. 2013-2014년과 2014-2015년 우기에는 비가 제대로 오지 않아 주요 저수지의 물 수위가 5퍼센트 이하로 떨어졌다. 2200만 상파울루 시민들에게 20일치도 안 되는 물이 남기도 했다. 나무가 사라지면 증산작용이 감소하고 빗물 공급이 차단된다. 브라질 국립아마존연구소의 수석 연구원 안토니우 노브레 박사가 보기에 연관성은 확실하다. "정상적인 해에는 남동부에 물을 공급하는 대부분의 강수가 아마존에서 공중 하천을 통해 이동한다. 아마존 내 강수량의 감소와 삼림 파괴의 관계는 확실하다. 이제 흩어진 점들을 연결하기만 하면 된다." 지난 50년 동안 아마존 우림의 약 17퍼센트가 사라졌다. 노브레는 20-25퍼센트가 티핑포인트라고 생각한다. 그 지점을 넘기면 "동부, 남부,

중부 아마조니아의 시스템은 비삼림 생태계로 전환할" 것이다.

원인이 플라스틱이든 화학물질이든 아니면 일반 쓰레기이든, 오염은 지구의 지표수에 보편적인 문제가 되었다. 웨일스 지리학의 아버지 웨일스 제럴드※가 연어가 춤을 추는 테이피 강물과 비버 은신처와 물웅덩이와 폭포를 찬미한 뒤로 천 년의 세월이 흐른 뒤, 슬러리※※ 유출물이 테이피강 3킬로미터에 걸쳐 최소 1천 마리의 물고기를 몰살했다. 그리고 지난 3년 동안 웨일스 지역의 하천에서 3천 건에 가까운 오염 사건이 있었다. 어류가 줄어들고 생태계가 신음하고 있다.

전 세계 하천에서 주요 오염원 중 하나는 합성비료, 가축 폐기물, 하수, 화석연료 연소에서 나온 질소다. 질소 공급량은 지난 반세기 동안 두 배로 늘었다. 메릴랜드대학교의 환경과학자 장신은 이 위기를 연구하는 사람이다. 그의 연구에 따르면 1961년 이후로 질소 사용의 효율이 50퍼센트 이상에서 약 42퍼센트로 하락했다. 밭에 뿌려지는 질소의 절반 이상이 하천으로 흘러들고 있는 것이다. 이미 바다에는 '데드존'※※※이 400군데나 된다.

지구의 천연수를 오염시키는 것은 인간의 이익에 반

※ 영국 헨리 2세의 왕실 서기이자 목사, 학자.
※※ 동물 배설물에 점토, 분탄, 시멘트 따위가 섞인 걸쭉한 물질.
※※※ 산소가 부족해서 수생생물이 살 수 없는 곳.

하는 일이다. 바다가 차지하고 있는 지구 표면의 71퍼센트는 생물다양성의 거대한 창고이자 인간의 먹거리에 크게 도움을 주는 곳이다. 연간 총어획량은 대략 8천만 톤에서 등락을 거듭하고 있다. 그리고 갈수록 시장에 물량을 대기가 빠듯해졌다. 연안 해양지역에서 물고기를 더 이상 찾을 수가 없게 되자 어장이 지리적으로 확대하면서 북대서양과 북태평양에서 더 남쪽으로 이동하고 그물을 2천 미터씩 늘어뜨린다(예전에는 최대 깊이가 500미터였다). 전통적인 어류가 사라지면서 친숙하지 않은 종이 소비자들의 입맛을 자극하기 위해 새로운 상품 이미지를 달고 밥상 위에 종종 올라온다. 느리게 움직이는 심해의 농어 '슬라임헤드'는 먹음직스러운 '오렌지러피orange roughy'라는 이름이 되었다. 오렌지러피의 전 세계 어획량은 1990년에 최고조에 달했다가 곤두박질쳤다.

바다에서 겪고 있는 위기의 실제 규모는 제대로 알려지지 않았다. 상업적으로 이용되는 어류는 약 1500종이지만, 건강 상태에 대한 포괄적인 추정은 이 가운데 500종을 대상으로만 이루어진 상태다. 남획에 대한 추정에서는 지식 격차가 더 심해진다. 유엔식량농업기구는 29.9퍼센트라는 수치를 내놓은 반면, 함부르크에 본부를 둔 월드오션

리뷰는 자체 모델을 만들어 56.4퍼센트라는 수치를 내놓
았다.

　　해수는 과거와 많이 달라졌다. 바다에 뒤섞인 오염물
질로는 석유, 비료, 플라스틱, 하수, 독성화학물질 따위가
있다. 바다에는 이산화탄소도 너무 많이 녹아 있다. 인간 활
동으로 배출된 이산화탄소의 약 3분의 1이 바다에 흡수되
어 물의 산성화를 초래했고, 이 때문에 산호와 갑각류 같은
해양생물이 궁지에 몰렸다. 과학자들은 바다의 산성화는
해양생물 종 간의 비교우위를 바꿔서 해양 생태계 전반에
영향을 미칠 것이라며 우려한다. 그리고 이 우려는 전 세계
식량 공급에 다시 타격을 준다.

　　물순환을 진정하는 일은 쉽지 않을 것이다. 삼림 파괴,
오염, 플라스틱, 질산염, 남획 같은 문제를 해결하려면 급진
적으로 새로운 정치와 비즈니스 모델이 필요하다. 해수면
상승, 폭풍의 빈도와 강도 증가, 열파, 가뭄, 홍수는 우리가
서식지 변화에 적응해야 함을 뜻할 것이다. 전반적으로 물
순환의 구성 요소, 과정, 역기능은 과학계에는 잘 알려져 있
다. 하지만 그보다 더 넓은 세계에는 그만큼 알려지지 않았
다. 이런 문제를 해결하기 위한 첫발은 이 세상을 지식으로
방울방울 적시는 것이다.

3장
뉴로폴리스 ※

대부분의 지구 거주민들처럼 나는 도시에서 살아가는 도시인이다. 그리고 내가 아무리 녹색 공간을, 산 정상을, 수정빛 폭포를 꿈꾸더라도 내가 사는 곳은 콘크리트 뒷마당이 딸린 런던의 연립주택이다. 나는 아주 운이 좋다. 이 장에서는 도시 지리의 불완전한 세상을 어슬렁거리며 돌아다닐 것이다.

밥반지는 시골인 비하르의 고향 집에서 도망쳐 뭄바이로 와서 보도에서 잠을 자고 시집이 들어 있는 토트백을 들고 공중화장실에서 차례를 기다리며 줄을 선다. 그는 '인도에서 제일 크고 제일 빠르고 제일 부유한 도시'를 다룬 스

※ 도시와 도시에서 사는 사람들 사이에서 일어나는 관계와 영향을 이르는 말.

케투 메타의 방대한 책 『맥시멈시티』Maximum City 510쪽에 등장한다. 뭄바이는 "희망의 섬 같은 상태······ 거대한 꿈덩어리"다. 하지만 아시아에서 가장 혼잡한 도시 중 한 곳이기도 하다. 보도는 잠자는 사람, 행상, 탈것들로 혼잡하다. 약 3제곱킬로미터 크기의 땅에 공장, 제혁소, 빵집, 저임금 작업장이 빽빽하게 들어찬 동네도 있다. 그리고 약 100만 명이 살고 있는 다라비는 지구상에서 가장 인구밀도가 높은 도시다. 메타는 어째서 "동쪽으로 작은 언덕이 보이고 망고나무 두 그루가 있는 마을의 벽돌집을 떠나고자 하는가?" 묻는다.

수백만 명에게 도시 바깥의 삶은 감당하기 어려운 지경이 되었다. 농촌의 빈곤, 교육과 의료 서비스, 오락의 부재, 기회 부족 그리고 가뭄과 홍수 같은 환경 위기는 사람들을 들판과 고향 집에서 밀어내고, 도시는 더 나은 주거지와 일자리와 기회와 서비스를, 더 나은 삶의 질을 약속하며 자석처럼 끌어당긴다. 이런 밀어냄과 당김의 이면에는 숱한 배경 요인이 있다. 통신술의 향상으로 도시가 누리는 기회가 더 잘 드러난다. 인터넷, 라디오, 텔레비전은 도시 일자리에 관한 정보를 전파한다. 도시의 변화는 그 자체로 외부 농촌인들이 느끼는 매력을 강화한다. 강한 꿈에 사로잡히면 실천력이 커진다.

밥반지는 인간의 미로를 헤매는 이 지구 위의 대다수 중 한 명이다. 도시는 언제나 밀도 높고 유동적이고 연결되어 있지만 지나친 밀도와 흐름, 연결성은 도시를 최적의 지리적 장소에서 밀어냈다. 도시는 이제 세계 시스템의 중요한 요소가 되었다.

수치는 믿을 수 없는 이야기를 들려준다. 이 훈훈한 간빙기의 초반 몇 세기에 지구를 활보하던 200만 명은 수천 년의 수렵채집기를 거치고 난 뒤 기원전 5000년 유럽 전역에 농업이 자리를 잡을 즈음에는 약 1800만 명으로 불어났다. 비옥한 초승달 지대에는 벌써 도시가 형성되었다. 서기 1000년 무렵에는 세계 인구가 2억 9500만 명으로 늘어났다. 황허강의 개봉과 유프라테스의 바그다드 같은 도시들은 100만 명 이상을 끌어들였고, 거기에 견주면 파리와 런던 같은 유럽 도시들은 50배나 왜소했다. 1100년께 중국에는 100만 명이 사는 도시가 자그마치 다섯 군데나 있었던 것으로 보인다. 1800년경에는 세계 인구가 8억 9천만 명으로 증가했고, 1900년경에는 16억 명이 되었다. 20세기에는 엄청난 변화가 있었다. 1950년경 세계 인구는 25억 명, 2000년에는 61억 명이 되었다. 내가 이 글을 쓰는 시점에는 76억 명이다. 수렵채집인에서 도시 통근자로 바뀌는 여정을 거치며 인류의 수는 4천 배 늘어났다.

인구가 늘면 도시도 커진다. 1950년만 해도 세계 인구의 3분의 2가 농촌지역에 거주했다. 오늘날에는 인구의 54퍼센트가 도시지역에 거주하며, 2050년이 되면 이 수치는 70퍼센트로 증가할 것이다. 이와 함께 거주자가 1천만 명이 넘는 광역도시권인 '메가시티'가 출현하는 장관이 펼쳐지고 있다. 1950년에는 전 세계에 메가시티가 단 두 곳, 뉴욕과 도쿄뿐이었다. 유엔의 예측에 따르면 2030년이면 41곳의 메가시티가 등장하고, 이와 별도로 100만 명 이상이 거주하는 도시는 662곳이 될 것이다. 중국의 도시는 성장속도가 워낙 빨라서 이 가운데 많은 도시들이 도시 클러스터 또는 도시광역지역으로 군집을 이루었다. 양쯔강 삼각주에 있는 상하이, 쑤저우, 항저우, 우시, 닝보, 창저우는 합계 GDP가 이탈리아와 맞먹는다. 그 밖에도 도시광역지역 두 곳이 주장강 삼각주 그리고 베이징과 톈진 인근에서 세를 넓히고 있다.

우주에서 밤에 바라본 도시는 지구상에서 가장 눈에 띄는 지리적 특징이다. 보스턴과 뉴욕에서 필라델피아와 볼티모어로 이어지는 대서양 연안 대도시지역은 하나의 용

암류처럼 보인다. 시카고와 그 인근 도시들은 머나먼 녹색 북극광을 무색케 한다. 카메라 렌즈로 확대해서 보면 덴버는 흰색 점으로 이루어진 바비큐그릴 같고 도쿄는 청록색 아메바 같다(이런 색이 나타나는 이유는 수은증기조명 때문이다). 유럽은 불꽃이 만발한 정원 같다.

이 인기 많은 결절점 안팎으로 수억 명이 꾸준히 드나든다. 도시는 물리적이기보다 인간적이다. 도시가 존재하는 맥락은 호모 사피엔스의 장단거리 이동이다. 우리 대부분은 이주자다. 무리 지어 돌아다니는 도시 디아스포라의 참여자들. 인문지리학자 대니 돌링에 따르면, 에너지는 "판구조론과 기후 시스템부터 세계경제와 온갖 장소의 문화에 이르기까지 만사를 통합하는 동력이다."

장거리 에너지 흐름 가운데에는 모국의 국경 너머에서 거주하는 2억 5800만 명이 있다. 세계 인구의 3.4퍼센트를 차지하는 이들은 2000년 이후로 49퍼센트 증가하는 놀라운 성장세를 보였다. 수가 큰 순서대로 나열하면 인도, 멕시코, 러시아, 중국, 방글라데시가 국외 이주자의 최대 공급 국가이고, 국제 이주에서 가장 인기 있는 목적지는 미국이다. 미국에는 전 세계 국외 이주자의 19퍼센트가 살고 있다. 집을 떠나기로 결정하는 이유는 대부분 일자리가 필요하거나 박해·자연재해·전쟁 때문에 자국에서 더는 살 수 없기 때문이다. 세 번째 범주인 망명 신청자들은 국제사회의 보호를 신청하고자 길을 떠난다.

국제 이주라는 방랑의 세계에서 도시는 중요한 자석이다. 도시는 인도계 미국 소설가 줌파 라히리가 자신의 이주 이야기의 제목으로 선택한 '길들지 않은 땅'이다. 라히리의 『지옥-천국』이라는 소설에 등장하는 프라납 카쿠는 "미국이 너무 낯설어서 그 무엇도 당연하게 여기지 못했고 분명한 것마저 의심했다." 이런 의심은 도시 그리고 문명을 계속 움직이게 만든다.

국가 안에서도 엄청난 수의 사람들이 흘러 다닌다. 인도에서는 사람의 이동량이 워낙 많아서 정부가 신뢰할 만한 통계치마저 제대로 제공하지 못하고 있다. 단기적인 '계절제' 이주자※의 수는 1500만 명에서 1억 명 사이로 추정된다. 인도 내에서 영구적으로 새로운 정착지를 찾아 이동한 국내 이주자의 수는 대략 4억 명으로 추정된다. 미국 인구와 영국 인구를 더한 수의 사람들이 일자리를 찾아 이동한다고 상상해 보라. 밥반지의 이야기는 모든 도시의 보도에서 펼쳐진다. 인구 급등과 빈곤의 물결이 동력을 공급하는 대량 이주의 이야기.

※ 일상적인 거주지에서 1-6개월 동안 떠나 있는 사람들.

절대적인 수치 측면에서 중국의 국내 인구 흐름에 필적할 나라는 없다. 1949년에 중화인민공화국이 만들어지고 소련식 성장전략을 채택한 뒤 늘어난 농업 산출물을 동력 삼아 급속한 산업화가 이루어졌다. 농촌의 노동력은 한 사람 한 사람을 지정된 행정 단위 내에서 '농촌민' 또는 '도시민'으로 분류하는 후커우戶口 등록제도를 통해 땅에 묶여 있었다. 주석 마오쩌둥은 중앙위원회에서 "이것은 식량 소비자뿐만 아니라 식량 생산자에 대한 전쟁"이라고 말했다. 마오 주석은 맹렬한 속도로 중국을 소작농 경제에서 군사적 초강대국으로 전환하고자 했다.

'초강대국 프로그램'에 필요한 재원을 마련하기 위해 농촌 인구는 적게 먹는 교육을 받고 소읍과 도시 주민들은 배급제를 따라야 했다. 1955년에는 소작농들이 자신의 땅에서 식량을 유출하는 것을 막기 위해 집단농장이 만들어지면서 고삐가 더 강하게 조여졌다. 세월이 흘러 1980년대 중반에 실시된 경제개혁은 농촌이라는 댐을 산산이 무너뜨렸고 농업노동자들을 소읍과 도시로 밀물처럼 쏟아 냈다.

도시의 산업계는 농업노동자를 필요로 했다. 2012년 워싱턴대학교 지리학 교수 캄 윙 찬은 "이 대이주는 중국에 매머드 군단 같은 저임금 노동력을 제공하여 경제라는 기계에 동력을 공급했다"고 말했다. 30년 동안 2억 명에서 2억 5천만 명 사이의 주민들이 고향 농촌을 떠나 주로 중국 동해안에 있는 소읍과 도시로 이주했다. 인구 변동 측면에서 이는 1800년부터 제1차세계대전 사이에 북아메리카로 이주한 5천만 명가량의 유럽인을 훨씬 능가했다. 중국의 고속산업화는 농촌-도시의 균형을 갑자기 뒤집어 놓았다. 1980년에는 중국 인구의 약 80퍼센트가 농촌민으로 분류되었지만 2012년에 이르자 이 수치는 50퍼센트로 떨어졌다. 2030년쯤이면 중국 인구의 70퍼센트가 도시지역에 거주하게 될 것이다.

전체적으로 도시 정주지는 점차 확대되어 연결된 에너지 흐름으로 지구를 에워싸고 있다. 이제 도시는 전 세계 네트워크에서 허브 역할을 한다. 일부는 '세계도시'가 되었다. 세계도시의 명망은 경제적 권력, 성장 지역과의 근접성, 유입되는 해외자본과 정치적 안정성 위에 구축된다.

이 게임에서 신흥 선두주자는 베이징이나 뉴욕이나 런던이 아니라, '세계에서 가장 미래지향적인 도시' '세계의 중심'으로 묘사되는 접근성의 새로운 축, 두바이다. 최근 몇 년 동안 지구상에서 제일 높은 건물인 부르즈 할리파의 아래쪽에 있는 쇼핑몰은 세계에서 방문객이 가장 많은 장소였다. 두바이는 고속으로 성장하는 허브로, 인구의 90퍼센트 이상이 외국 태생이며 에어버스380 군단이 세계 모든 주요 도시까지 직항으로 날아다닌다. 지정학 전문가 파라그 카나는 자신의 책 『커넥토그래피 혁명』에서 두바이를 '봉건제에서 포스트모더니티로 바로 직행하려는 실험'이라고 명명한다. 1930년대까지만 해도 개울가에 모여 살던 2만 명의 인구가 300만 명으로 늘어났고, 2027년이면 500만 명에 달할 것으로 예상된다. 카나에 따르면 이는 "새로운 정체성을 지닌 (……) 새로운 유형의 글로벌시티, 풍부한 문화유산이 아니라 국적 없는 코즈모폴리터니즘과 막힘없는 전 세계 연결성이 그 미덕인 진정으로 글로벌한 결절점"이다.

　이 연결성은 도시 간의 격차로 뻗어 나간다. 사륜구동 자동차나 신발이나 스키가 아니라 드론과 위성을 이용하면, 지구상에서 오늘날의 호모 사피엔스의 손길이 미치는 곳 가운데 거주 불가능한 곳은 없다. 도시의 길 위에서 살지는 않지만 사실상 우리 모두는 사회에 필요한 서비스와 사회 시스템과 경제적 안정과 안보와 거버넌스를 마련하기 위해 도시에 의지한다. 이는 이라크의 비옥한 토사에서 발원하여 도시와 시골의 경계를 표시하기 위해 두툼한 벽을 세웠던, 도시 본래의 소수자적 역할과는 동떨어진 세상이다. 오래전인 1987년, 문명사학자 페르낭 브로델은 "서양 최초의 성공은 단연 도시에 의한 전원지역—그 소작농 '문화'—의 정복이었다"라고 말했다. 진정한 의미에서 '전원지역'이라고 할 만한 공간이 아직 남아 있을까?

브로델이 말한 도시와 시골 사이의 분명한 인위적 경계는 세계적 규모의 상호의존성에 의해 지워져 버렸다. 도시 경계의 흐려짐은 녹색 공간에 대한 새로운 태도에 따라 강화된다. '전원지역'은 갈수록 도시에 의존하지만 도시는 내부에서 전원지역을 재발견하고 있다. 아바나는 오르가노포니코라는 미세텃밭으로 이 분야에서 선도적인 역할을 했다. 상자나 큰 용기나 반으로 자른 석유통을 옥상과 뒷마당에 박아 놓고 유기농 채소를 재배하는 것이다. 런던은 사디크 칸 시장 시절 세계 최초의 '국립공원도시'가 되었다. 47퍼센트가 '물리적으로 녹색'인 1572제곱킬로미터의 이 땅에는 1만 4천 종의 야생동식물이 서식한다. 요세미티국립공원에 스타벅스 매장이 문을 열고 스톡홀름에서는 비버가 나무를 쓰러뜨린다. 세계의 많은 지역에서 도시와 농촌의 구분이 점점 어려워지고 있다.

현대 도시의 규모, 역동성, 복잡함도 이루 말할 수 없어서, 새로운 미지의 것이 탄생하고 있다. 과거에는 길을 잃으려면 야생을 찾아가야 한다고 생각했다. 정글이나 사막, 깊은 산속으로 뛰어들거나 작은 배를 타고 바다로 나가야 한다고 말이다. 그러나 이제 도시는 파악하기 어렵고 매혹적이며 인종적으로 경이롭고 많은 경우 지도에 표시되지 않은 새로운 종류의 야생을 제공한다. 길을 잃고 싶다면 도시의 버스를 타거나 운동화를 신으라. 적응하는 데 시간이 걸릴 수 있다. 역사적이거나 지형적인 랜드마크가 부족한 대도시에서는 심상지도를 만드는 데 더 시간이 많이 든다. 신세대 탐험가, 자전거 탑승자, 심리지리학자들은 비장소들 non-places을 관통하며 도시 경관을 재배치하고 있다.

확장하는 이 도시의 미로 안에서 도로표지는 여느 때와 마찬가지로 지역사회의 응집력을 일구는 데 핵심적이다. 도시 안에서 소용돌이치는 인간의 흐름은 자체적인 사회적 하상과 웅덩이를 따라 움직인다. 밥반지는 손바닥만 한 보도에서 공중화장실로, 펀자브 음식을 파는 작은 식당으로, 일터인 서점으로, 시에 영감을 준 특별한 장소들로 움직였다. 최근에 붕괴된 건물이 있던 자리, 마약 행상들이 잠을 자고 거래를 하는 플로라 분수 뒤편의 도로들, 노출된 하수 위에 자리한 산타크루즈 슬럼 같은.

태곳적 모습 그대로이든 악취가 진동하든 물리적인 랜드마크는 엄청나게 다재다능한 우리 뇌 안의 오디오와 냄새가 포함된 3차원 심상지도 위에 반드시 있어야 하는 도로표지다. 신참 도시 이주자들은 이 지도를 빠르게 만들어야 한다. 그것은 생계의 그물망과도 같기 때문이다. 시 당국은 비일비재하게 역사적인 랜드마크를 철거하거나 덮어 버리고, 종종 너무 늦은 뒤에야 자신들이 한 지역의 정체성을 무너뜨리고 지역사회의 결속력을 훼손했음을 깨닫곤 한다.

인도 안드라프라데시의 주도 하이데라바드는 650제곱킬로미터로 뻗어 나가 성장했지만, 1591년에 건축된 모스크 차르미나르의 뾰족탑은 지금도 이 도시의 혼을 상징한다. 맨해튼MANHATTAN은 대문자로 된 글씨들마저 마천루처럼 보인다. 그러나 뉴욕의 평화로운 고층 건물 하단에는, 소중한 히코리나무 숲을 보고 이 섬의 이름을 지은 아메리카 토착부족인 레나페 인디언에게 익숙했을 얼음으로 반질반질해진 편암과 빙하 표석이 널려 있는 센트럴파크가 자리하고 있다. 북미 인디언 레나페 족이 쓰는 델라웨어어의 하나인 먼시어로 만하탄manaháhtaan은 '우리가 활을 얻는 장소'라는 뜻이다. 너무 빠르게 확장하는 바람에 독특한

도로표지가 역사성의 위엄을 획득하지 못한 다른 도시에는 기묘한 미봉책이 있을 수 있다. 에펠탑, 오스만대로, 목재 골조가 드러난 타운하우스들 그리고 중국의 도시에 삽입된 '템스 타운'은 토착 건축물이 자신감을 되찾을 때까지 주인공 역할을 대행한다.

도시화를 향한 질주가 워낙 대대적이어서 도시의 역사적 형태와 기능을 초과해 버리는 경우도 많다. 한때 학생들에게 도시는 분명하게 고립되고 상대적으로 정적이며 다핵과 지구, 부문 또는 지역으로 깔끔하게 나눌 수 있는 정주지로 소개되었다. 핵심업무지구, 중간계급 주거지구, 교외 공업단지가 마치 도시의 내부 경계를 보도 위에 빨간 선으로 표시할 수 있다는 듯 강의실 안에서 프로젝터로 비춰졌다. 물론 도시는 절대 이렇게 단순하지 않지만, 현대 도시화의 규모와 속도 그리고 분명하게 구분되는 '지구'의 확산은 양극성을 흐리는 동시에 배가하여 완전히 새로운 인간적인 토지 형태를 만들어 냈다.

잠시 한 가지 사례를 생각해 보자. 유동적이고 지도에 표시되지 않을 때가 많으며 수적으로 방대하고 조파드파티※부터 파벨라※※, 루커리※※※, 바리오※※※※에 이르기까지 주민들에게는 다양한 이름으로 알려진 도시의 일정한

※ 인도 뭄바이의 슬럼을 가리키는 말.
※※ 브라질의 슬럼가.
※※※ 슬럼을 뜻하는 다른 영어 단어.
※※※※ 베네수엘라와 도미니카공화국에서 슬럼을 가리키는 말.

81

구역을 말이다. 다카에서는 '주석으로 만들어진'이라는 의미에서 부스티boosti라고 하고, 이스탄불에서는 '하룻밤'이라는 의미의 게제와 '장소가 만들어진'이라는 의미의 콘두를 합쳐서 게제콘두gecekondu라고 한다. '슬럼'은 지구상에서 가장 빠르게 성장하는 인간 거주지이자, 이미 도시인구의 4분의 1이 거주하는 곳이다.

'슬럼'이라는 용어는 유익하지 않은 이름이다. 그것은 도시의 핵심적인 일부보다는 '실패한 장소'를 함축하게 되었다. 혼란의 여지도 있다. 오랫동안 이 단어는 공식적인 주택지역이 비공식적인 장소가 되거나 쇠락했지만 여전히 하향식 정부에 의해 어느 정도 운영되고 있는 경제개발국 내부의 도심 근린에 적용되었다. 이런 지역이 도시 개척자들에 의해 인기 있는 동네로 탈바꿈하는 젠트리피케이션을 겪는 일도 드물지 않다.

저개발국에서 더 일반적인 종류의 '슬럼'은 보통 비공식적인 임시 주거지로서 공적인 인정을 열망하며, 일종의 상향식 거버넌스 속에서 움직인다. 이 두 종류의 '슬럼'은 뿌리와 구조가 완전히 다르다. 스리랑카, 방글라데시, 짐바브웨, 소말리아의 도시에서 '주변부의 이주자들' 연구 프로젝트를 진행 중인 마이크 콜리어는 '서비스가 열악한 정주지'라는 표현을 더 선호한다.

콜리어와 그의 동료들이 연구하는 정주지는 규모나 의미 측면에서도 경제개발국에 있는 유사 지역들을 몹시 초라해 보이게 만든다. 인도의 슬럼을 뜻하는 다라비는 현대 세계에서 가장 유동적이고 인구밀도가 높은 도시지역이다. 값싼 재료로 만들어졌고, 어쩔 수 없이 저층이며, 서비스가 부족하고, 범죄와 질병 발생률이 높은 다라비는 수요에 따라 확장하거나 수축하고 적응력이 매우 높으며 자체 수리가 가능한 도시 생태계다. 시장의 힘이 표현되는 장소라는 의미에서, 민간 거버넌스와 인프라가 신참들의 요구를 따라잡지 못하는, 급속한 도시화를 겪고 있는 도시를 대표한다. 서비스가 열악한 정주지는 외부에서 보면 지저분한 토끼굴처럼 비칠 수 있지만 재활용업자, 가구 제작자, 제빵사, 미용사, 구두수선공과 재단사, 식품 판매자, 전화기 수리공 등 기회를 좇는 사람들의 온상이기도 하다. 그래서 혁신의 산실이 될 수도 있다.

허드슨강의 빛나는 물결에 둘러싸인 야망의 회로판, 맨해튼에서 살았던 거장 제인 제이콥스는 50여 년 전에 이런 종류의 창의적인 마찰을 아주 인상 깊게 설명했다. 허드슨가 555번지에 살았던 제이콥스는 보도와 거리에 열광했다. 그의 책 『미국 대도시의 죽음과 삶』에서 보도와 거리 모퉁이는 사람들이 서로 만나고 교류하는 장소다. 슬럼(제이콥스는 '공식적인' 슬럼을 다뤘다)은 다양성의 용광로다. 그는 도시의 성공은 밀도와 다양성을 토대로 삼는다는 사실을 당대의 어떤 작가보다 훌륭하게 간파했다. 제이콥스는 이렇게 썼다. "도시는 시행착오, 성공과 실패의 거대한 실험실이다."

혁신은 도시의 고유한 강점이다. 도시는 24시간 쉬지 않고 지적 마찰을 빚어내는, 강력한 이동성을 자랑하는 분자들의 밀도 높은 덩어리다. 혁신의 열기가 경제를 창조한다. 그리고 이는 꽤 어려운 문제를 해결할 수 있다. 특허출원을 기준으로 계산할 때, 전 세계 혁신의 무려 90퍼센트가 도시에서 만들어진다. 도시는 정신의 발전소이자 인류의 미래다.

어째서 도시는 그토록 효과적일까? 시공을 거슬러 2001년경의 뉴멕시코 샌타페이연구소로 가 보면, '도시의 과학'으로 만들어질 몇 가지 아이디어를 동료들과 함께 탐구하기 시작한 이론물리학자 제프리 웨스트를 만날 수 있다. 웨스트는 평균임금, 전문직 종사자의 수, 레스토랑의 수, GDP 같은 '사회경제적 양적 지표'가 '초선형적인' 방식으로 점점 높아진다는 사실을 발견했다. 인구가 두 배로 늘어날 때마다 이러한 사회경제적 양적 지표가 1인당 15퍼센트가량 증가했던 것이다. 그리고 이는 혁신도 마찬가지였다. 그러니까 도시가 클수록 "더 혁신적인 '사회적 자본'이 창조된다."

웨스트의 '도시의 과학'은 큰 것이 더 지속가능할 수 있다는 사실 또한 밝혀냈다. 웨스트의 연구팀은 유럽의 여러 도시를 들여다보다가 주유소의 수가 인구 규모와 함께 0.85 정도의 '아선형적' 크기로 증가한다는 사실을 발견했다. 그러니까 웨스트의 표현에 따르면 "인구 규모가 두 배 증가할 때마다 주유소가 단순히 두 배 더 필요할 것이라는 예측과는 달리 85퍼센트의 주유소가 필요하므로, 두 배 늘어날 때마다 15퍼센트 정도의 시스템 절감이 나타난다. 따라서 1인을 기준으로 할 때 대도시는 소도시의 절반 수치에 해당하는 주유소만 있으면 된다." 도로, 수도관, 전기케이블 등의 전체 길이와 같은 도시 인프라의 다른 요소들도 똑같은 비율로 증가한다. 웨스트는 뻔뻔하게도 아선형적인 비례 때문에 뉴욕이 미국에서 가장 '친환경적인' 도시라고 주장했다. 그러나 이 모델은 첫인상만큼 그렇게 깔끔하지 않다.

웨스트는 부정적인 면도 발견했다. 인구가 두 배 늘어날 때마다 범죄, 오염, 질병에 대한 노출 또한 1인당 15퍼센트씩 증가한다. 그리고 초선형적인 비례는 평균적인 시민들이 "상품이든 자원이든 아이디어든, 소유하고 생산하고 소비하는" 양을 증가시키지만(이는 농촌-도시 이주자에게 도시가 지닌 매력을 설명한다), 초선형적인 생산과 소비를 만들어 내는 모델은 젊은이들에게 아주 나쁜 소식이다.

그린벨트 안에서 빛나는 식물들은 탈탄소 시대를 향한 우리의 희망을 압축적으로 보여 준다. 도시에는 혁신을 일으켜 지속가능성의 모델이 될 능력이 있다. 코펜하겐에서는 도시 인구의 자그마치 62퍼센트가 매일 자전거를 타고 출근한다. 스톡홀름에서는 데이터센터에서 발생한 여분의 열을 이용해 1만 가구에 난방을 제공하는 계획이 진행 중이다. 오스트레일리아에서는 멜버른의 카운슬하우스 2라는 관공서 건물이 '생체모방' 기술을 이용해서 물과 에너지를 절약한다. 콜롬비아에서 두 번째로 큰 도시인 메데인은 주변부 지역사회에 새로운 사회공간을 제공하는, 녹지에 둘러싸인 열 개의 문화 허브인 '도서관 공원'으로 모범을 보이고 있다. 브라질에서는 쿠리치바시가 인구의 80퍼센트가 애용하는 간선 급행버스 시스템을 제공하여 도로의 혼잡도를 개선했다. 이 도시에 사는 약 200만 명 가운데 어느 누구도 버스정류장에서 400미터 이상 떨어진 곳에 살지 않는다.

　　이 부풀어 오르는 도시의 두뇌를, 기회와 잠재력의 꽃송이를 품어 안자. 탐험의 개척지는 사막에서, 숲에서, 산맥에서 더 뻗어 나가 새로운 연구와 새로운 아이디어와 새로운 정책과 신선한 상징체계를 요구하는 인구의 중심지까지 점점 큰 규모로 포괄하게 되었다. 도시의 정글은 우리 생각보다 더 녹색이다. 뉴로폴리스를 탐구할 때가 되었다.

4장
우리 내면의 지리학자

우리 모두에게는 세계관이 있다. 세계관은 인간을 인간이게 하는 조건 가운데 하나다. 어디 출신이든 어떤 사람이든 인간은 모두 다른 사람들과, 장소와 환경과 관계를 맺어야 한다. 지리학은 사고방식이다. 우리가 건조해지는 숲을 나와, 두 다리로 걷고 달리고, 막대와 돌을 도구로 사용하고, 사회집단 속에서 함께 노동을 하고, 불을 길들여 경관을 관리하고, 장소에 이름을 붙이고 심상지도를 편집하며 사바나로 이동한 이래로 지리학은 우리와 함께였다.

수렵과 채집을 하던 여명기에만 해도 인류의 행동은 지구와 그 시스템에 전 세계를 아우르는 규모로 개입하기에는 충분하지 않았다. 그러나 이제 더는 그렇지 않다. 지구에 대한 우리의 식탐은 밑 빠진 독과 같아서 지구의 숨통을 끊어 놓을 지경이다. 우리는 지리적 대식가다. 우리가 독특한 진화의 경로를 따를 수 있도록 길잡이 구실을 하여 꼬리 없는 유인원이 도시를 건설할 수 있게 만든 습성은 우리 자신의 생명 시스템을 들쑤시고 다닐 수 있는 수단도 쥐여 주었다. 하지만 지구를 엉망으로 만든 지리적 회로망은 우리 미래의 알고리즘을 알려 주기도 한다. 우리는 내면의 지리학자가 나아갈 방향을 재조정할 필요가 있다.

내면의 지리학자가 없는 사람은 없다. 우리는 모두 비범한 공간적 능력을 장착하고 있다. 장소가 바뀌는 점심시간이나 휴가기간에 바로 이 능력을 감지할 수 있다. 이 능력은 일생에 걸쳐 갈고닦을 수 있다.

내가 공간적 능력과 가장 밀접하게 조우한 경험은 지난 20세기 끄트머리에 혼자서 오랜 여행을 하는 동안 찾아왔다. 나는 1년 반에 걸쳐 유럽의 산맥 분수령을 따라 혼자 걸었다. 유럽 대륙 한쪽에서 반대쪽으로, 대서양에서 북해를 향해. 휴대폰도 GPS도 없었고, 1만 킬로미터 대부분의 거리를 걸으며 별 아래에서 잠을 잤다. 산맥이 펼쳐지고 계절이 바뀌면서 나는 인쇄된 지도에 점점 적게 의지하고 나

자신의 신경을 이용한 측량술에 능숙해졌다. 그리고 가장 비범한 종류의 인지지도를 만들어 갔다.

그 지도는 3차원이었고 어떤 축척을 선택하든 1:1이 었다. 그 지도에는 소리(우르릉대는 폭포 소리, 번개가 갈라지는 소리, 소나무 숲에서 바람이 휘젓는 소리), 감촉(발밑에 있는 각진 석회석의 느낌, 풀의 어루만짐), 냄새(서늘하고 싸한 비 냄새나 훅 하고 밀려드는 양 냄새, 흉포한 개들의 은근한 존재감)가 담겼다. 그 지도는 관계를 기록했다. 하천과 암석 돌출부가 경사도에 따라 상호작용하는 방식, 낮은 언덕을 파내는 풍화작용, 지질과 오솔길의 의사소통, 계곡과 고지대 사이를 오가는 양치기와 양 떼의 계절에 따른 리듬 따위를 말이다. 나만의 모델을 편집하고 지형과 날씨, 경사도와 마찰력, 강폭과 깊이 등의 상호작용을 계산하는 능력이 없었다면 나는 1주일도 안 되어 죽은 목숨이 었으리라.

나의 상상력은 다양한 감각을 이용하여 찰나의 순간에 데이터를 흡수하고 해독하는 현장 일꾼이었다. 나의 안위는 지리적 공간 이동에 대한 직관적인 이해에 좌우되었다. 이 자동 업데이트 기능은 마치 나에게 지나가는 지형을 분석하고 기록하는 감각과 기억이 내장되어 있다는 듯 자연스럽게 발현되었다. 지리학자 켄트 매슈슨의 표현을 빌리자면 나는 "지리적 역량으로 표현되는 보편적인 속성"을 드러내고 있었다. 우리 모두 할 수 있다. 그리고 이 능력은 어릴 때부터 시작된다.

2003년 미국과 영국의 지리학자와 심리학자 네 명은 보편적인 지리적 역량에 관한 통찰을 제시했다. 제임스 블로트, 데이비드 스테아, 크리스토퍼 스펜서, 마크 블레이즈는 "모든 문화권에서 거의 모든 인간이 아주 어릴 때 '지도와 유사한 모델'을 읽고 사용하는 능력을 습득한다"는 가설을 세웠다. 여기서 잠시 '지도와 유사한 모델'을 정의할 필요가 있다. 이 맥락에서는 사용자가 단어를 읽고 학습이 필요한 지도의 약속을 이해해야 하는 관행적인 '지도'를 말하는 게 아니다.

시카고 일리노이대학교의 제임스 블로트 그리고 사우스웨스트 텍사스대학교와 셰필드대학교에 있는 그의 심리-지리학 분야 동료들은 '지도와 유사한 모델'을 문맹인 문화권이나 어린아이들도 만들고 사용할 수 있는 기술도구로 정의했다. 그 안에 담긴 정보가 실제 경관의 왜곡된 축소판이라는 점에서 그것은 추상적이다. 이들의 연구는 "어느 지역 아이들이든 네 번째 생일을 맞을 때쯤이면 지도와 유사한 모델을 다룰 수 있음"을, 또한 이보다 앞서 태어나는 동시에 시작되는 '프리매핑' 능력 기간이 있음을 보여 주었다.

지도와 유사한 모델은 인간의 발달기에 사용하는 공간적인 도구뿐만 아니라 모든 문화에서 공통으로 나타나는 사고와 행위 방식이기도 하다. 언어, 도구, 주거지, 음식의 사용이 보편이듯 어린아이들이 지도와 유사한 모델을 사용하는 것은 전 대륙에서 확인할 수 있다. 그것을 사용하는 능력은 우리 모두의 내면에서 지리학자가 성장하는 출발점이다.

나만의 인지적 지형도를 만들어 내고 처리하는 동시에 유럽의 분수령에서 오솔길과 능선을 찾아내는 내 능력은 공간적 필요에 대한 반응이었다. 나만의 지형도를 만들지 못할 때 나는 길을 잃었다. 내가 탐험한 풍경은 '거시환경' 또는 '지리적 공간'이었다. 그것은 너무 거대하여 내가 어느 한 방향에서 한눈에 포착할 수 없었고, 잠깐 쉬거나 야영을 하면서 바위나 나무나 하천처럼 눈에 띄는 특징에 빠르게 익숙해질 때 그리고 심상지도를 만들 때 접하곤 하는 사물 규모의 '미시환경'과는 사뭇 달랐다.

거시환경은 워낙 커서 우리가 그것을 전체적으로 파

악할 수 있는 유일한 방법은 그것을 하나의 모형이라고 상상하는 것이다. 이는 호모 하빌리스가 맛있는 날고기를 찾아 건조해져 가는 사바나를 가로지른 이후로 꾸준히 하고 있는 일이다. 블로트 등의 주장에 따르면 "매핑 또는 지도와 유사한 모델링은 거의 전 문화권에 있는 거의 모든 민족이 거시환경에 성공적으로 대응하기 위해 사용하는 전략의 기초적이고 필수적인 일부"다. 아주 어릴 때부터, 아주 초창기부터, 인류는 지리적 존재였다. 로버트 색은 『호모 지오그래피쿠스』Homo Geographicus에서 "지리적인 성질은 피할 수 없다. 우리는 그것을 의식할 필요조차 없다"고 말했다.

우리 내면의 지리학자는 구석기시대 이후로 스스로를 드러내 왔다. 선사시대 '암벽 예술'에서 나타나는 그 많은 선과 형태가 무엇을 의미하는지 정확히 알 길은 없지만, 암석이나 뼈에 고정된 그 하나하나의 위치가 '장소'에 대한 해설이라는 의미에서 그 모든 것이 지리적이다. 프랑스 쇼베 동굴의 응달진 구석에 자리 잡은 동굴곰과 매머드와 코뿔소는 잃어버린 생태계의 유령이자 사라진 경관의 혼이다. 그들은 3만 년 전의 생물지리, 즉 생명형태의 분포에 관한 단서를 던진다. 이와 유사하게 바위에 그려진 인간의 형상은 그 시대의 사람들과 그 장소 간에 한때 존재했던 관계를 예시한다.

암벽 예술은 '장소애'의 표현으로 볼 수 있다. 이 용어는 1974년에 지리학자 이-푸 투안이 우리가 '장소에 대한 사랑'을 발전시키는 다양한 방식을 논의하기 위한 틀을 짜면서 제시한 용어다. 투안에게 하나의 장소는 집에서부터 지구라는 행성에 이르기까지 개인적인 축적을 따를 수 있다. 그것은 소속과 가치로 포장된 개념, '돌봄의 영역'이었다. 그는 "지리학은 장소애적 정서의 내용물을 제공한다"는 결론에 이르렀다. 그리고 이런 공간적 애착을 육성하는 데는 실용적인 이유가 있다.

글쓰기가 발전하기 전, 경관은 기억이었다. 수천 년 동안 공간적 감수성이 높은 인간들은 어떤 주어진 환경에서 학습한 정보는 그와 동일한 환경에서 가장 잘 기억해 낼 수 있다는 사실을 이해했다. 1930년대부터 심리학자들이 꾸준히 노력했지만 '맥락 의존적인 기억'은 경험적 증거가 부족했다. 그러나 1975년, 스털링대학교의 던컨 고든과 앨런 배들리는 『영국심리학저널』에 자연환경이 서로 다른 두 곳에서 실시한 실험 결과를 발표했다. 하나는 물속, 다른 하나는 땅 위였다. 결과는 본래의 학습환경이 재연되었을 때 피

험자의 기억이 더 좋다는 사실을 보여 주었다. 요컨대 인간은 익숙한 장소와 연결될 때 더 기억을 잘했다.

맥락 의존적인 기억의 숱한 응용 사례는 어째서 인간이 장소에 대한 깊은 애착을 발전시켜 왔는지를 설명하는 데 도움을 준다. 그리고 이 애착은 우리가 사철을 보내는, 영구적인 정주지에 살기 훨씬 전부터 존재했으리라. 수렵 채집인 무리는 암석, 나무, 하천 같은 주요 지형지물을 이용해서 나중에 찾아올 때를 대비해 정보를 모았다. 출생과 사망의 기록, 음식과 수원지의 소재, 부족이나 가족 영역의 경계 같은 정보는 주로 마음속에 보관되었지만, 필요할 때는 경관과의 관계를 통해 되살아났다. 이런 기억 창고는 인간 서사의 저장소이기도 했을 것이다. 인류학자이자 고고학자인 크리스토퍼 틸리는 1994년에 이 주제를 탐구했다.

이야기가 정기적으로 되풀이되는 공간적 실천과 연결되어 있으면 그것들은 서로 지원하는 관계가 되고, 이야기가 경관 속에 지층처럼 자리 잡을 때 이야기와 장소는 서로를 구축하고 재생산하는 데 변증법적으로 도움을 준다. 장소는 그것과 관련된 이야기를 되살리는 데 도움을 주고, 장소는 서사에 채택됨으로써만 (이름을 가진 현장으로서) 존재한다.

몇 년 뒤에 발표한 논문에서 틸리는 영국 남서부의 보드민 무어에 있는 이색적인 화강암 바위산 같은 장소들이 정보를 되살리는 데 적당한 곳이었으리라고 주장하기에 이른다. "비바람의 솜씨로 조각되고, 우주론적 의미를 지닌 이야기, 신화, 사건의 형태로 중석기시대의 상상에서 문화적 중요성이 가득 채워진, 길들여지지 않은 '거석' 또는 표석"으로 말이다. 내가 2장에서 설명한 거대한 오코톡스 표석은 블랙풋 부족의 전설 속에 깊이 뿌리내렸다. 좀 더 최근에는 앨버타의 한 양조장이 그 표석의 영어식 이름인 큰 바위Big Rock를 가져다 쓰기도 했다.

어쩌면 우리는 도시화한 호모 사피엔스보다는 수렵채집을 하던 조상들과 더 관계가 깊다고 생각해야 할지 모른다. 암벽 예술은 관객이 참여자가 되어 자연계와 연결되는 체험을 하는 통합적인 경험이었다. 기반암의 표면, 틈새와 돌출부는 그 예술작품 속에 종종 통합되곤 했다. 관객은 그 그림을 만져 봄으로써 영적인 세계의 물리적 영역으로 빨려 들어갔다. 경관, 영적인 존재, 예술가가 하나였다. 연구자들은 암벽 이미지의 '소비'가 의식의 상태 변화를, 어쩌면 공감각을 요구했으며, 여기에는 관객이 그 이미지가 되는 전도가 동반되었다고 암시했다. 이와 기계적으로 동일한 현대의 경험은 가상현실 지리에서 사용하는 아바타인지 모른다.

우리는 현대까지 살아남은 수렵채집인 무리의 세계를 들여다봄으로써 선사시대 선조들의 지리에 가장 가깝게 다가갈 수 있다. 남아프리카공화국의 드라켄즈버그산맥 급경사면 아래에 있는 노맨스랜드의 산족을 비롯한 여러 집단에게는 하나 이상의 세상이 존재했다. 인간계는 영적인 존재와 신들이 거주하는 초자연적인 세상과 연결되어 있었다. 양방향 소통이 가능했고, 이를 위해 주요 랜드마크로 경계 지어진 천연자원의 구역인 물웅덩이가 영토 개념의 중심으로 자주 거론되었다. 산족 사람들이 비에 집착했던 것도 어쩌면 당연하다. 이들의 암벽 예술에는 주술사가 물웅덩이로 유인해야 했던 '비 동물들'이 자주 포함되었다. 어느 정도의 사회지리가 노맨스랜드 일부 위에, 그 장소를 '소유' 했을 막강한 '실력자-소유자'의 초상이 이미지의 창조와 소비 또한 통제했던 바로 그곳에 발자취를 남겼다.

사미족의 암벽 예술 부지가 4천여 년의 역사를 품고 있는 것으로 추정되는 노르웨이, 스웨덴, 핀란드의 북쪽 끝,

러시아의 콜라반도 위에도 이와 똑같은 상호연결된 세상이 있다. 사미족은 수렵과 채집, 어업을 하면서 돌과 나무를 비롯한 만물에 생명이 있고 온 생명의 기원은 어머니 지구 Máttaráhkká라고 믿었다. 특정한 지형학적 특징에는 의미가 있었다. 산은 조상들의 집일 수 있고, 여울·동굴·협곡·정상은 다른 세계로 통하는 관문일 수 있었다. 유출 지점이나 유입 지점이 전혀 없는 작은 호수들은 지하세계로 가는 수중 입구라고 믿었다. '어머니 지구'의 거처는 지금의 사례크 국립공원 가장자리에 있는 신성한 아카Áhkká 산, 10여 개의 정상과 거의 그만큼의 빙하가 모여 있는 대산괴였다. 사미족의 예술 현장에 있는 암석의 표면은 신성했으며, 그 방향과 위치가 그렇듯 큰 이미지의 일부였다.

사미족의 우주에는 세 층위가 있는데, 지상계와 지하계 그리고 그 중간에 있는 인간계로 이루어진다. 세상나무 또는 기둥이 이 세 층위를 모두 연결했다. 스웨덴의 고고학자 잉가-마리아 물크와 케임브리지의 지리학자 팀 베일리스-스미스는 이 세 영역을 아주 생생하게 그려 냈다. 따뜻하고 흰 남쪽의 지상계는 태양과 신성한 산 그리고 '어머니 지구'를 품었다. 빨갛고 중간에 있는 인간계에는 막대인간들과 신성한 샘, 곰 의식이 모여 있다. 춥고 검은 북쪽의 지

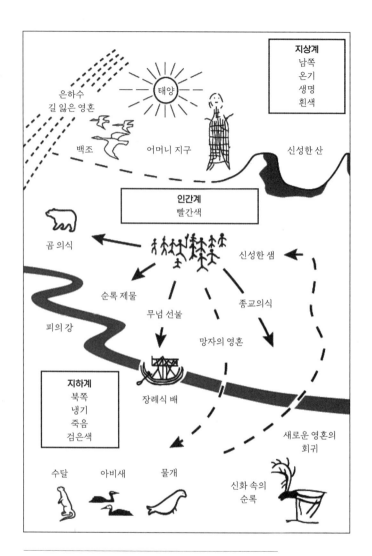

사미족의 세계 시스템

© Inga-Maria Mulk, Tim Bayliss-Smith

하계에는 아비새, 수달, 물개, 신화적인 순록들이 살았다. 산족과 사미족의 상상 속 지리는 되먹임 순환이 완비된 서로 연결된 정신 시스템이었고, 이 연결이 끊어지면 거기에는 후과가 따랐다.

지리학은 우루크의 불운한 왕이 불멸의 비밀을 찾아 지구 끝으로 여행하는 내용을 담은 『길가메시 서사시』를 뒷받침하기도 한다. 이 서사시에서 끔찍한 훔바바를 공격하기 위해 소환되는 13개의 '막강한 돌풍'은 기상학적 점검표처럼 읽힌다. '남풍, 북풍, 동풍, 서풍/강풍, 역풍, 태풍, 허리케인, 폭풍/악마-바람, 서리풍, 돌풍과 토네이도.' 이는 이 서사시를 읽는 수메르인에게 익숙한 기상 조건이었다. 그것들은 인지 가능한 지리적 힘이었다. 지리적 극단을 오가는 여정이기도 했다. 훔바바의 산악지방 '삼나무 숲'은 벽돌로 된 '7중문'의 장대한 성벽과 이슈타르 사원을 갖춘, 문명화하고 안전한 우루크시와 동떨어진 야생의 대척점이다.

3천 년 전, '우루크 마을광장'은 시인이 과거를 돌아보고 이야기를 엮어 나갈 수 있는 장소인 반면, 그 너머의 공간은 여행을 위한 곳이었다. 북쪽으로는 삼나무 숲과 정신이 이상한 괴물 훔바바가, 서쪽으로는 죽음이 있었다. 사미족과 산족처럼 유프라테스의 수메르인은 서로 연결된 초자연적 세계에 살았다. 우루크에서 주된 역할을 하는 세 신은 하늘의 신 아누, 저 아래 바다의 에아 그리고 지상의 신전에서 인간과 신의 일을 관장하는 엔릴이었다.

지리적 이해에 관한 기록이 분명하게 나타나는 자료는 중국에서 가장 오래되고 완벽한 고전인 기원전 5세기경의 『서경』에 나오는 「우공」편이다. 전설에 따르면 우임금이라는 베일에 가린 성인-왕이 인간을 위협하는 중국 중심부의 강물을 다스리고 농업 초강대국을 건설했다. 우왕에 관한 당대의 설명은 전무하며 갑골문자에도 우왕에 관한 기록은 없다.

「우공」편에는 지리적 설명이 담겨 있다. 고대 중국에서 인간이 거주할 수 있는 땅은 '사해 내부에' 자리 잡고 있었다. 그 제국의 수도는 여러 개의 동심원 중앙에 놓여 있었다. 대도시는 중앙에 있는 이 왕의 영역을 시작으로, 그 바깥 원은 귀족의 영역, 그다음은 고위 관료와 공무원, 호족과 왕자의 도시와 땅이 감싸듯 둘러싸고 있는 둥지 같은 형상이었다. 그 너머로는 중국 문명이 '배움의 교훈과 도덕적 의무', '전쟁과 방어의 에너지'를 통해 채택되는 일종의 국경지대인 강화구역이 펼쳐져 있었다. 그보다 더 바깥으로는 동맹을 맺은 야만인과 '약한 유배생활을 하는' 범죄자의 구역이 있었다. 가장 먼 가장자리에는 '더 강력한 유배생활을 하는 범죄자들'과 인간의 부족이 있는 '문화가 없는 야만'의 구역이 있었다. (「우공」편의 둘러싸인 구역들은 1920년대에 미국 도시를 위해 발달한 동심원지대 모델과 놀라울 정도로 비슷하다.)

「우공」편에서 자연지리는 산맥과 하천 같은 지형학적 특징에 둘러싸인 아홉 개 지역에 관한 설명으로 기록되어 있다. 다섯 군데의 정치 영역, 35개 이상의 하천과 그 경로, 45개의 산과 언덕 이름도 나와 있다. 또한 「우공」편은 중국 문명의 요람을 형성한 지리적 특성이 무엇인지도 짚어 주었다. 수천 년 동안 중부 중국의 북부지방에는 퇴적물이 쌓여 62만 제곱킬로미터에 이르는 거대한 고원지대가 만들어졌다. 오늘날 황토라고 알려진 미세하고 조직이 성긴 이 퇴적물에는 무기영양소가 풍부해서 경작지 농업의 생산성을 높여 주는 토대라는 사실이 입증되었다. 장소에 따라 깊이가 150미터를 넘는 곳도 있었다. 「우공」편에서는 이 이동하는 황토를 '움직이는 모래'라고 일컬었다. 황토 위로는 나중에 황허강이라고 알려지는 장대하고 홍수를 잘 일으키는 '하'河가 흘렀으며, 그 흐름 속에는 엷은 침전물이 방대하게 떠 있었다.

홍수가 잦은 중국 땅에서 지형을 바꾸는 노력 덕분에 우왕은 전설적인 지위에 올랐다. 그는 황제의 일꾼들의 힘을 빌려서 숲을 베어 진입로를 만들고, 배수로를 만들고, 거대한 강에 제방을 쌓고, 습지에서 물을 빼고 어떤 습지는 물길을 호수로 돌렸다.

항수와 위수가 강을 따라 바다로 흘러들어가면서, 대륙택이 정비되었다. (……) 황하 하류의 9개의 지류를 잇자, 뇌하는 호수가 되었다. 옹수와 저수가 합류해 뇌하호로 흘러든다. 뽕나무를 심어 누에를 칠 수 있게 되자, 사람들은 언덕에서 내려와 평지에서 살았다.

「우공」편 전반에 걸쳐 우왕은 배수를 하고, 제방을 쌓고, 물길을 바꾸고, 초목을 심으며 열심히 일한다. 여러 강안쪽에는 제방이 쌓였다. 사람들은 경작지와 목초지에 관해서 배웠다. 팽려호가 만들어져 야생거위가 자리를 잡을 수 있었고, 삼위산은 사람이 거주할 수 있게 되었다.

그러므로 아홉 개 지역 전체에서 질서가 자리를 잡았다. 물가의 땅은 이제 어디서든 거주할 수 있게 되었다. 언덕에서는 불필요한 나무가 제거되어 제물로 바쳐졌고, 하천의 수원지가 정비되었으며, 습지에는 제방이 잘 만들어졌고, 수도로 가는 길은 사해 내에 있는 모든 이에게 안전하게 확보되었다.

우왕은 '홍수를 길들인 자'이자, 중국 최초의 왕조인 하나라의 건국자로 알려졌다. 그런데 '홍수를 길들인 자'와 알려진 홍수 사건 사이에 입증 가능한 연결고리가 있을까? 2016년 중국의 한 과학자팀은 우왕의 수문학적 노력을, 지진으로 인해 폐색호가 붕괴한 이후 벌어진 재난 수준의 홍수와 연결해 보고자 했다. 베이징에 있는 중국지진청의 지질학자 우칭룽은 자기 팀과 함께 황허강을 연구하던 중 지스샤积石峡에 있는 고대의 호수에서 나온 퇴적물과 우연히 마주쳤다. 우 박사와 그의 팀은 산사태로 협곡에 댐이 쌓이고, 그로 인해 돌무더기로 된 담 안쪽으로 수위가 차오르며 거대한 호수가 만들어졌다가, 결국 이 댐이 무너지면서 11-16세제곱킬로미터에 달하는 물이 흘러내리게 되었다는 결론을 내렸다. "범람수가 2천 킬로미터 이상 하류로 쉽게 이동할 수 있는" 양이었다. 이들은 지스샤의 이 재난이, 중국 사회가 신석기시대에서 청동기로 넘어가고, 얼리터우 문화가 2500킬로미터 하류에서 궁전 건물과 용광로로 경관을 바꾸고 있던 기원전 1900년경에 일어난 것으로 추정했다. 그들이 보기에 이는 "황허강을 따라 살고 있던 많은 집단을 연결시킨 극단적인 자연재해에 대한 심오하고도 복잡한 문화적 대응의 사례"였다.

우 박사의 논문은 온라인상에서 갑론을박의 홍수를 일으켰는데, 기록상의 홍수와 우왕의 관계 그리고 하왕조의 건립을 둘러싼 논란은 결말이 쉽게 나지 않을 듯하다. 한편, 「우공」편은 자체적인 생명을 얻었다. 2천여 년 동안 중국에서 추앙받던 「우공」편은 중국의 고전을 서구세계로 가져오기 위해 반세기를 바친 스코틀랜드의 마르코 폴로인 제임스 레지라는 중국에 정통한 선교사가 1865년에 번역했다. 1959년에는 위대한 중국 학자 조지프 니덤이 여러 권으로 구성된 자신의 책 『중국의 과학과 문명』에서 「우공」편을 '중국 역사 최초의 자연주의적 지리 연구서'라며 추켜세웠다. 1984년에는 베이징에 있는 중국지리학협회가 「우공」편을 중국 '최초의 지리학 문서'로 홍보했다.

우왕의 공학적 기량과는 상관없이, 우왕의 수문학적 여정 이후 1천여 년 뒤에 작성된 「우공」편을 통해 우리는 상상력과 신화·전설에서 벗어나 자연지리에서 인문지리까지 지리학의 여러 측면을 기록한 문서의 출현을, 또한 사회와 경제와 정치를 연결하는 굴곡진 선들을 확인할 수 있다.「우공」편의 행간을 읽다 보면 우왕을 세계에서 최초로 기록된 지리학자로 보지 않기가 힘들다. 중국에서 그는 위대한 우왕, 즉 대우大禹다. 그는 어쩌면 위대한 지리학자인지 모른다.

5장
1 대 1

글로 작성한 설명을 비롯해 그래픽, 연설, 지리공간정보가 담긴 어마어마한 디지털 기억장치까지 지리학에는 다양한 표현수단이 있다. 그렇지만 지리학 하면 맨 먼저 떠오르는 수단은 지도다. 어디에나 널려 있고, 용도가 다양하며, 시간을 초월하고, 전체를 망라하는 지도는 곧 지리학이다. 이 장에서는 지도 만들기의 태생적이면서 보편적인 성질을 살펴보고, 그것이 오늘날 우리 앞에 놓인 도전을 해결하는 데 핵심이라고 주장할 것이다.

　미국의 문화인류학자 프란츠 보아스 박사는 『중앙 에스키모』The Central Eskimo에서 "에스키모인은 거의 아는 바가 없는 지방을 방문하고자 할 때 그곳을 잘 아는 누군가에게 눈[밭] 위에다 지도를 그려 달라고 한다"고 썼다. 이 개척자적 인류학자는 1888년의 책에서 그 지도 제작자가 어떻게 처음에는 다들 잘 아는 핵심지점을 표시한 다음 세부사항을 삽입하는지 설명한다. 이 눈 지도는 믿을 수 없을 만큼 정확할 수 있다.

　　사람은 지구상 어디에 있든 간단한 지도를 매개로 공간정보를 서로 나눌 수 있다. 내 공책에는 산 위와 숲속, 사막과 협곡을 가로지르는 경로를 나타낸 간단한 지도, 내가 전에 어디에 있었는지를 떠올리게 해 주는 것, 경우에 따라서는 내가 왔던 길을 돌아가야 할 때를 위한 계획이 곳곳에 널려 있다. 어떤 지도는 방향을 묻기 위해 그렸다. 내 사촌 리처드는 티베트고원의 왕모래로 지도를 만들기도 했다. 우리는 자전거를 타고 중앙아시아를 가로지르다가, 옹기종기 모인 유목민 천막에서 멀지 않은 곳에서 갈림길을 만났다. 자전거 여행자와 야크몰이꾼은 손가락으로 도로를 그리고 돌로 정주지를 표현하는 방식으로 공통의 지도 언어를 찾아냈다.

　　다른 편 극단에서, 지도는 지리적 특징을 표현한 상징인 기호를 통해 이루어지는 복잡한 소통체계다. 채색, 음영,

격자망, 축척 등의 배열로 보강된 복잡하고 공식적인 지도는 현실의 축소판이 된다. 다양한 전통과 자원, 시장은 광범위한 지도 스타일을 만들어 냈다. 대축척 지도를 가지고 낯선 땅을 걸어서 여행한 적이 있다면 국가별 지도 제작기관의 개성에 익숙할 것이다. 도쿄도의 이와타케이시산, 웨일스 북서부의 스노든산, 캘리포니아주의 휘트니산은 모두 산이지만, 이것들을 묘사하는 데 사용되는 그래픽 도구는 천차만별이다.

간단히 말해서 지도는 조악한 스케치부터 눈이 돌아갈 정도로 복잡한 수학적 모델에 이르기까지 다양한 형태를 띤다. 지도는 지리적 지식의 골격과 같다. 그리고 지도 제작법이 워낙 극적인 혁명을 거치고 있다 보니 이 단어의 본뜻을 재고해야 할 지경이다. 우리 손안에는 지구를 이해할 수 있는 새로운 수단이 있으며, 이는 앞으로 몇십 년 동안 전 지구적인 갖가지 종류의 문제를 다룰 때 가장 중요한 도구 중 하나가 될 것이다. 그러니 먼저 전반적인 맥락을 조금 살펴보자.

우리는 저마다 자기만의 지도 한가운데에 있다. 당신은 당신의 집 주변 심상지도 한가운데에 있다. 영국 국립지리원은 문화에서 유래한 지도 제작 관습을 선택해 자신들이 만든 영국 지도 한가운데에 있다. 4천 년 전 이라크에서는 라가시의 왕자 구데아가 자신의 지도, 라가시의 위대한 신 닌구르수에게 봉헌한 사원에 대해 자신이 공인한 — 어쩌면 직접 고안했을지도 모르는 — 계획도의 중심에 있었다. 이 계획도는 매끈한 화성암 판 위에 새겨졌는데, 오늘날 이 석판은 파리 루브르박물관 리슐리외관에 자리한 구데아의 무릎 위에 놓여 있다.

구데아상은 머리가 사라졌지만, 긴장한 듯 꼿꼿한 몸통은 마치 혼잡한 지하철의 승객처럼 허벅지 위에 석판을 올려놓고 섬록암 의자에 올라가 있다. 그는 꼭 최신 건축 개념을, 자신의 사원을, 자신의 세상을 골똘히 생각하고 있는 듯하다. 석판 위에는 경건함의 도구인 바늘과 눈금자가 올려져 있다. 라가시의 이 왕자는 아메리카와 유럽 사람들이 도시 비슷한 어떤 장소에 모이기 시작하기 훨씬 전, 남부 메소포타미아에 도시와 독립적인 왕조들이 점점이 박혀 있었을 때 이 돌로 된 자아상을 발주했다. 이라크는 문명의 모판, 유프라테스강과 티그리스강은 혁신의 물길이었다.

건축계획은 도시계획으로 확장한다. 600년간 라가시와 유프라테스 하류는 바빌론제국의 일부가 되었으며, 부서진 석판의 먼지와 함께 사라진 이유들 때문에 기원전 약

1500년경 어떤 이가 당시 남부 메소포타미아의 평야지대에 있던 한 도시의 윤곽을 그렸다. 오늘날 니푸르의 이 잔해는 약 1.5킬로미터에 걸쳐 바싹 마른 잡석더미 형태로 바그다드 남쪽 사막에 남아 있다. 기원전 5000년경에 처음으로 자리 잡은 이 부지는 메소포타미아에서 가장 중요한 종교의 중심부로, 지구의 주신 엔릴을 숭배하기 위한 최고의 자리로 진화했다. 현재 독일 프리드리히 실러 예나대학교에 소장된 부서진 석판 하나에는 수로, 돌집, 사원처럼 도시생활에 반드시 필요한 시설들을 에워싼 벽으로 니푸르시의 경계가 분명하게 표현되어 있다. 유프라테스강은 이름이 붙어 있는 문들에 의해 뚫린 이 성벽을 따라 흐른다. 그것은 주목할 만한 지도 이미지로, 어쩌면 방어공사를 재현할 수 있게 도우려고 모아 둔 정보인지 모른다.

또 다른 몇백 년 동안의 유프라테스강을 좀 더 살펴보면 지도 제작자의 시야가 도시에서 지구로 훨씬 확장하는 것을 확인할 수 있다. 대영박물관 55번 전시실에 있는 한 석판은 원형의 바빌론 세계와 그 중심부를 관통하는 유프라테스강을 보여 준다. 굽지 않은 점토로 만든 이 석판은 아마 기원전 7세기 또는 6세기에 바빌론에서 만들어진 것으로 보이지만, 그보다 오래전인 기원전 9세기에 만들어진 것을 모방한 석판일 수도 있다. 양면에 적힌 글은 바빌론에서 멀리 떨어진 장소들, 이를테면 허물어진 도시들, 날개 달린 새도 닿기 힘든 곳에 있는 사막이나 산맥, 나무가 있는 지역, 해가 뜨는 극동의 어떤 일부를 묘사한다. 가젤, 사자, 늑대, 원숭이, 타조, 카멜레온 등 머나먼 생태계의 동물들도 있다.

지도는 이 석판의 한 면에서 약 3분의 2를 차지하는데, 실제 축척을 대신하려는 시도는 전혀 하지 않는다. 세계는 '비탄의 강'이라는 이름이 붙어 있는 고리 형태의 물에 둘러싸인 원반이다. 지형적 특징으로는 유출수, 습지, 산, 왕국들과 부족의 영토가 있다. 물길(아마 운하)은 샤트알아랍 강의 전신일 수도 있다. 현대의 모습을 연상시키는 또 다른 형태로는, 지도 중앙에 있는 도시 바빌론에 커다란 이름표가 붙은 반면 그보다 작은 외딴 곳의 중심지들은 원이나 점으로 표현된 것을 들 수 있다. 역사지리학자 캐서린 스미스 박사는 바빌론인들이 펼쳐 놓은 지도 제작 관습은 '기성의 개념적인 제도 제작 전통'을 암시한다고 지적했다. 이들이 일정 기간 동안 지도를 만들었던 것이다.

지도에 나온 사원과 도시 그리고 세계 안에서 우리는 다양한 축척의 세 가지 지리적 모델을 볼 수 있다. 이 모델들이 1500여 년 동안 동일한 지역에 공들여 만들어졌다는 사실은 메소포타미아의 지속성을 입증하는 예리한 증거다. 유프라테스강은 그만큼 지리적으로 중요한 곳이었다. 복잡한 지리적 모델링의 전제조건 그리고 사실상 모든 형태의 진보적인 탐구에는 지적 보호구역이 필요했다. 유프라테스와 티그리스의 강물이 키워 낸 위대한 문명은 폭넓은 스펙트럼의 공간적 의식을 생산했다. 오늘날 우리가 이라크라고 알고 있는 장소는 공간 개념 탐구에 동력이 될 수 있는 여유 시간과 후원자, 치안을 제공했다.

메소포타미아가 유일한 지리적 탐구의 중심지였던 것은 아니다. 나일에서는 기원전 3100년경 이후로 통치자 단 한 명의 권위 아래 이집트 땅이 통합되어 있었고, 쭉 뻗은 삼각주의 상류에서 번성한 문명은 나름의 공간 표현 전통을 발전시켰다. 고대이집트의 계획도와 지도에는 바빌론 같은 정교함이 부족했지만, 2차원에서 세상의 일부를 모델링하는 것이 전통과 아이디어를 소통하는 효과적 방법임을 예시하는 사례들이 충분히 살아남았다. 최소한 기원전 2000년부터 관에는 망자가 여행할 수 있는 상상의 땅이 물은 파란색, 육로는 검은색으로 그려졌다. 고대이집트의 수도 테베에서는 지도처럼 도식적인 형태를 띤 이상적인 정원 장식이 무덤에 들어갔다. 날짜 기입선이 있는 산책로, 물웅덩이, 벽으로 둘러싸인 과수원과 시카모어 숲 같은.

이탈리아의 골동품 수집가 베르나르디노 드로베티는 1820년 무렵 고대이집트에서 지금까지 살아남은 가장 오래된 지리 문서를 나일강 서쪽 제방에 있는 데이르 엘 메디나의 한 가족 무덤에서 끄집어냈다. 람세스 4세 재위기(기원전 1151-1145년)에 만들어진 것으로 추정되는 조각난 2.82미터짜리 파피루스 두루마리 위에 그려진 이 '토리노 지도'는 당대의 일상적인 필기체로 달아 놓은 주석과 함께 언덕과 와디※, 도로가 담긴 지역을 보여 준다.

이 두루마리가 1840년대에 학자들의 호기심을 자극하긴 했지만, 1914년이 되어서야 이집트 학자 앨런 가디너가 『카이로 과학 저널』에 지도상의 검은 언덕과 분홍색 언덕은 서로 다른 암석 유형을 나타낸다는 의견을 밝혔다. 최종적으로는 1992년에 나일강에서 현장조사를 마친 오하이오 톨레도대학교의 두 지질학자가 놀라운 재해석을 발표했다. 이 파피루스 조각들이 '지구상에서 가장 오래된 지질학적 지도'라는 것이다. 두루마리상에서 갈색빛이 도는 분홍색은 금을 함유한 변성암과 화성암을 상징했다. 퇴적암에는 어두운 갈회색이 칠해졌다. 갈색 줄무늬가 뻗어 나

※ 우기 외에는 물이 없는 수로.

오는 분홍색 언덕은 지금도 철이 착색되고 금을 함유한 석영 줄무늬가 있는 화강암 언덕과 상관관계가 있었다. 지도상에 표기된 물탱크에는 금을 석영 가루에서 분리하는 데 사용하던 물이 담겨 있었을 수도 있다. 이 모든 것이 '금의 산', '채금 정주지', '채석장으로 자리 잡은 거대한 베켄석 bekhen-stone 사업에 종사하는 장소'라는 텍스트상의 언급과 딱 맞아떨어졌다. 람세스 4세가 와디 함마마트로 채석 원정을 떠났을 때 편찬된 이 지도에는 중요한 채석장의 위치가 담겼지만, 수송로를 비롯한 그 지역의 일반적인 지형도 담고 있었다.

또 다른 지도 제작 산실은 지도 제작과 관련된 생각이 전달되는 방식뿐만 아니라 변화를 촉발하는 지도의 비범한 힘을 보여 준다. 바빌로니아인이 지구에 대한 자신들의 인상을 모델화하던 무렵, 공간의식이 있는 사상가들이 오늘날의 터키 해안지역, 자연지리의 힘이 모여서 완벽한 산실을 빚어낸 장소로 모여들었다. 그곳은 바로 우리가 앞 장에서 만났던 '홍수 때문에 깊이 넘실대는' 하천이 흘러드는 따뜻한 만이었다.

기원전 620년, 미안데르는 에게해 동쪽, 물이 깨끗한 라트모스만으로 흘러나왔다. 에게해는 지중해와 흑해 사이의 무역항로를 오가는 해안교통이 편리한 곳이었다. 한 쌍의 반도와 섬 하나 그리고 주변 산이 이 만을 해풍으로부터 보호했다. 초기 정착자 중에는 아마도 에게해의 섬에서 이주하여 그 지역에 카리아라는 이름을 지어 준 카리아인들도 있었다. 이 만에서 남쪽으로 도보 두 시간 거리에 있는 아폴론 신탁소는 디디마 마을에 있었다.

이 만의 남쪽 해변에 밀레투스가 세워졌다. 라트모스의 푸른 석호와 거기에 은신한 계류장, 바다 접근성, 하구, 양 방목지, 언덕 위의 신탁소는 문명화한 그리스인이라면 모두가 바라는 것이었다. 기원전 7세기 초, 밀레투스는 지중해와 북해 해변에 45개가 넘는—혹자는 90개라고도 한다—식민지를 건설한 해양국가의 중심지였다. 그리고 우주를 탐구하는 데 헌신한 명민한 인물들의 집단인 밀레투스'학파'의 본고장이기도 했다.

디오게네스(그리고 나중에는 아리스토텔레스)에 따르면, 밀레투스학파의 창시자는 탈레스였다. 디오게네스는 탈레스에게 아낙시만드로스라는 추종자가 있었다는 사실도 알려 준다. 이들은 우주의 본질을 탐구하며 다양하면서도 상충되는 이론을 발전시켰다. 동쪽 지중해에 있는 이 아늑한 교정에서는 대화와 열린 비판이라는 이상을 추구했고 과학이 탄생했다. 스승인 탈레스에 대해 비판적이었던 아낙시만드로스는 지구가 우주의 가장자리로부터 등거리(이 책의 도입부에서 이야기한 L1이라는 장소에서와 다르지 않은 힘의 균형점)이므로 자유롭게 뜬 상태에서 한 장소를 차지한다는 충격적인 이론을 제시했다. 현대 사상가들은 고전의 매장지에서 아낙시만드로스를 끌어내 월계관을 걸어 주었다. 칼 포퍼는 지구가 우주의 다른 모든 부분으로부터 등거리이므로 고정되어 있다는 그의 주장을 "인류 전체의 사상사에서 가장 과감하고 가장 혁명적이며 가장 경이로운 아이디어 중 하나"라며 칭송했다. 탈레스의 전기작가 퍼트리샤 오그레이디는 아낙시만드로스의 이론을 '눈부신 가설'이라고 평가했다. 좀 더 최근에는 이론물리학자 카를로 로벨리가 아낙시만드로스의 주장을 "비범하고 완전히 정확하다"고 묘사했다. 아낙시만드로스는 지도도 만들었다.

디오게네스는 "그는 처음으로 지구 그리고 바다의 지도를 그렸으며, 구체도 만들었다"고 주장했다. 그 지도는 지금 남아 있지 않지만 몇몇 전문가는 그 지도를 보거나 들어 본 사람들의 조각난 설명을 바탕으로 그 형태를 재현하려는 시도를 해 보았다. 아낙시만드로스는 이 세상이 돌기둥이 있는 드럼통처럼 생겼으며, 평편한 윗면에서 인간이 거주할 수 있다고 생각했다. 그러므로 그의 세상은 원형이었다. 그러면 중앙에는 어느 장소가 놓였을까? 이집트라고 하는 사람도 있고, 밀레투스라고 하는 사람도 있고, 델피라고 하는 사람도 있었다.

아낙시만드로스가 지도에 여러 지역을 표시했다는 것은 확실하다. 지도에는 유럽, 아시아, 아프리카 대륙과 다양한 땅과 바다 그리고 이 세상 가장자리까지 이어지는 바깥의 '대양'이 표현되었다. 거의 같은 시기에 만들어진 바빌론의 세계지도와 비교해 보면 아낙시만드로스의 세상은 수준이 달랐다. 그것은 최초의 지리지도였다. 아낙시만드로스 전문가 디르크 쿠프리에 따르면 그는 "지도 제작에서 새로운 패러다임"을 창조했다.

밀레투스학파는 연결성을 토대로 활약했다. 디아스포라 이야기는 이 도시의 창작물이었다. 탈레스는 지중해 동부를 항해하고, 상업에 몸담고, 신화를 토대로 한 지리적 설명과 결별하고 수학으로 방향을 전환한 공간 탐험가였다. 지구 표면에 있는 장소의 위치를 측정하고, 이집트의 기하학을 이용해서 측지학 문제를 풀었다.

아낙시만드로스는 바빌론의 해시계를 그리스 과학으로 가져와 낮 시간의 길이와 하지와 동지를 계산하는 데 사용했다. 밀레투스의 세 번째 지리학자 헤카타이우스는 흑해와 소아시아, 이집트와 그리스 땅을 여행하면서 축적한 다양한 관찰을 바탕으로 두 권짜리『세계 주항기』周航記 Periodos Ges를 편찬했다. 이는 신화와 여행정보뿐만 아니라 지형과 민족지학을 담은 선구적인 책이었다. 해로와 하천은 고대세계의 광학섬유 케이블과 같았다.

고대의 지도 제작은 알렉산드리아의 사서 클라우디오스 프톨레마이오스에서 정점을 찍었다. 그가 편찬한 8권짜리『지오그래피아』Geographia에는 위도와 경도 표 안에 위치가 표현된 거대한 지명색인이 들어갔다. 마지막 권에는 세계의 여러 지역을 나타낸 지도들과 함께 세계지도도 있었다. 프톨레마이오스의 위치 표는 워낙 철저하고 정확해서 약 1500년 뒤 지도 제작자들은 유럽 르네상스가 탄력을 받아 알프스를 넘어 북쪽에 있는 독일과 북해 연안의 저지대 국가들로 확산할 때도 그 표를 사용했고, 이에 네덜란드의 헤마 프리시우스와 헤라르뒤스 메르카토르 같은 인본주의자들은 수학적인 지도 제작법을 복원하게 된다.

유프라테스강부터 나일, 아르노와 포, 라인과 스헬데강으로 굽이굽이 흘러가는 지도 이야기는 서양인에게 길을 알려 주었다. 그러나 먼 동쪽, 중국에도 판박이처럼 똑같은 서사가 있다.

중국 왕가가 탄생하는 과정에서 겪은 산고를 다룬 이야기에서, 하나라와 상나라 다음으로 주나라가 등장하여 기원전 1100년부터 기원전 221년까지 권력을 유지했다. 주나라는 전국시대가 도래하면서 대단원의 막을 내렸는데, 이 혼란의 와중에 '중앙에 있는 산'을 뜻하는 작은 제후국인 중산국이 지리적 불멸성을 얻었다.

오늘날 중산은 수도 베이징에서 멀지 않은 위치에 있으며, 높은 봉우리와 협곡이 펼쳐져 있어 베이징 사람들의 놀이터 같은 곳이다. 유튜브에는 두 절벽 사이에 철사와 판유리로만 된 가느다란 유리바닥 다리가 무려 488미터라는 세계적으로 손꼽히는 길이로 매달려 있는 모습을 으스댄다. 중산에는 그 정치적 무게를 넘어서는 전통이 있다. 그것은 바로 중산국의 제후 가운데 한 명이 보통 주나라 통치자에게만 쓰는 왕이라는 칭호를 받은 적이 있다는 것이다. 그리고 '지도의 역사'라는 측면에서 중산은 으뜸으로 꼽힌다.

제물을 바치는 다섯 개의 방과 또 다른 네 개의 건물 그리고 두 개의 외벽 계획도가 그려진 청동판과 함께 매장된 사람은 바로 중산의 착왕이다. 조역도라고 하는 왕릉계획도 또는 지도에는 왕의 칙령, 건물들의 면적과 그 사이의 거리 같은 정보가 주석으로 달려 있다. 이는 알려진 가운데 중국 최초의 지형조감도 사례이며, 여기에 사용된 척도는 이것이 거리를 분명하게 표기한 세계에서 가장 오래된 지도라는 주장으로 이어졌다. 고대 중국의 물질적 힘에 대한 권위자 우샤오룽 교수는 청동기물이 "그 소유자들의 정치생활과 개인생활에서 정체성과 권력을 확인, 협상, 소통할 때" 사용되었다고 주장했다. 착왕의 무덤에 있던 지도는 단순한 장식품 이상인 것이다.

중국의 지도는 공간적 도구로서의 역할 외에 권력을 선전하고, 교육하고, 눈을 즐겁게 하기 위해 편찬되기도 했다. 친링산맥 구릉지의 한 무덤에서 발견된 흠뻑 젖은 나무판 네 개는 중국 지도 제작사의 초석이 되었다. 중국의 남부와 북부를 가르는 고지대와 협곡으로 이루어진 친링산맥은 전략적으로 중요한 의미가 있다.

100여 개 중 하나였던 이 무덤에는 단이라는 남자의 유품이 있었다. 사후세계로 가는 길에 단의 동반자가 된 1센티미터 두께의 이 나무판은 흐릿한 선과 주석으로 덮여 있었다. 2년에 걸쳐 조심스럽게 건조하고 나니 일곱 개로 이루어진 지도 한 세트가 해독이 가능할 정도로 분명하게 보였다. 이 지도들을 설명한 최초의 학자인 허쑹촨은 출토된 대나무 조각 여덟 개에 새겨진 기록을 참고해, 단이 누군가의 얼굴에 상처를 입힌 뒤 자살한 군인이라고 추론했다. 장슈구이와 쉬메이링 같은 이후의 학자들은 단이 학식을 갖춘 관리라는 의견을 내놓았다. 전체적으로 이 지도들은 기원전 300년 진나라에 각별한 의미가 있었던 행정구역을 보여 준다. 웨이강의 계곡과 지류들 그리고 이 나라의 심장부와 서쪽의 땅을 연결하는 방어용 소로와 친링산맥의 일부가 담겨 있다. 검은 선은 강과 계곡, 사각형은 정주지를 나타낸다. 통행 검문소, 통행로 그리고 소나무와 전나무부터 삼나무와 오렌지나무에 이르기까지 다양한 나무를 알려 주는 이름표도 있다. 삼림 정보는 이 지도를 단순한 지도 제작의 영역에서 경제 또는 자원 관련 지도화의 영역으로 끌어올린다. 벌목에 적합한 목재의 위치 정보가 들어간 이 지도는 와디 함마마트의 '토리노' 지질도에 필적하는 기능을 갖추고 있다. 두 지도는 당대의 관계 당국에 자신의 영토에서 가장 좋은 것을 추출하는 법을 알려 준다.

마지막 사례는 중국 지도 제작의 우수함을 실증한다. 3번 무덤은 출토 전까지만 해도 중국 남부의 창사시 외곽에 있는 마왕퇴馬王堆로 알려진 작은 언덕 위에 솟은 혹 같은 존재였다. 1973년 새 병원을 짓기 위해 벌인 토목공사 때문에 고고학자들이 현장으로 불려와 1천 점 이상의 유물을 출토했는데, 그중에는 세계에서 가장 오래된 섹스 교본과 비단 위에 그려진 지도 세 개가 있었다. 이 무덤에 묻힌 사람은 기원전 168년에 사망한 30대 남성이었다. 이 지도뿐 아니라 진의 지도의 맥락을 깊이 연구한 쉬메이링 교수는 이 지도들의 '보기 드문 우수함'과 '축척의 일관성, 정보 내용, 상징의 사용'을 높이 평가했다.

쉬메이링 교수는 복원된 두 지도만 살펴보았는데, 하나는 지형도이고 하나는 군사용 지도였다. 사각형 지형도에는 오늘날의 후난성 중남부와 인근 지역 일부가 담겼으며 하천과 산맥, 도로와 정주지 같은 인문지리의 일부 요소들이 표현되어 있었다. 군사용 지도는 지형도의 일부를 대축척으로 확대하고 여기에 중요한 부분을 강조하기 위해 색깔을 추가한 것이다. 군용시설과 본부는 밝은색으로 표현되어 있다. 흥미롭게도, 쉬메이링 교수는 언덕을 나타내는 데 사용된 상징은 "아주 초기적이지만 기본적인 등고선 기법 개념을 표현한다고 해석할 수 있다"고 확신했다. 만일 그렇다면 마왕퇴에서 출토된 지도들은 등고선 기법을 개척했다고 알려진 영국 수학자 찰스 허튼보다 약 2천 년을 앞서게 된다.

프톨레마이오스가 위대한 지도 제작물을 내놓기 300년 전, 중국의 지도 제작자들은 이미 현대의 많은 지도 제작 원리에 능했던 것이 분명하다. 세인트존스칼리지의 코델 이 교수는 기념비적인 저작 『지도 제작의 역사』에 쓴 에세이 한 편에서 "중국의 지도 제작은 수학적이지 않았던 게 아니라, 수학 그 이상이었다"고 자신 있게 주장했다.

고대 중국의 프톨레마이오스라 할 수 있는 지도제작자 배수는 223년부터 271년까지 살았다. 배수는 여섯 가지 원칙을 따라야 한다고 선언함으로써 중국의 지도 제작의 범위를 현상을 설명하는 데서 분석하는 것으로 확장시켰다. 축척은 누진적인 선으로 나타내야 하고, 위치 파악에 참고할 수 있게끔 격자망을 그려야 하며, 거리를 측정할 때는 직각삼각형을 사용해야 한다. 나머지 세 가지 원칙은 지구의 불균등한 표면에서의 측정치를 고도와 방향, 경사도 변환을 통해 평평한 지도상에 옮기는 방법에 관한 것이었다.

배수는 지도를 이용해 중국에서 지리적 표현방식의 기초를 닦은 위대한 우왕을 부활시켰다. 배수가 만들어 낸 놀라운 지도 중 하나는 「우공지역도」※로 알려져 있으나 안

126

※ 우공을 따라 만든 땅의 지도.

타깝게도 현존하지 않는다. 또 다른 지도인 「방장도」※도 남아 있지 않다. 그러나 지도의 원본 혹은 사본들은 최소한 8세기까지 이어져서 또 다른 위대한 지도 제작자 가탐이 어마어마한 세계지도를 편찬할 때 활용되었다. 이 지도를 만드는 데 17년이 걸렸으며, 이 역시 현존하지는 않지만 그 축소판이 1136년에 돌에 새겨져 산시성 박물관에 가면 볼 수 있다. 조지프 니덤은 이 지도를 보고 "이 지도와 같은 시대에 유럽의 종교적인 천지학 생산물을 비교해 본 사람이라면 (……) 중국의 지리학이 당시의 서양보다 얼마나 앞섰는지 혀를 내두르지 않을 수 없을 것이다"라며 감탄했다.

유프라테스강의 삼각주 필경사가 이 세상을 점토에 새긴 뒤로 약 3천 년이 지난 오늘날 우리에게는 혁명적인 새로운 지리적 도구가 생겼다. 세상의 판도를 바꾼 많은 아이디어들이 그렇듯, 이 도구는 GIS(Geographic information system)라는 깔끔한 머리글자로 축약된다.

지리정보 시스템은 데이터와 지리적 특징을 연결한다. 간단하다. 2017년 『국제지리백과사전』에서 창캉충 교수는 GIS를 "지리공간 데이터를 수집, 저장, 탐구, 분석, 전시하기 위한 컴퓨터 시스템"이라고 정의했다. 2018년에 출

※ 한 장소의 폭과 넓이를 측정한 지도.

간된 황보의 79장章짜리 방대한 GIS 책에서 저자 중 한 명인 추밍샹※은 GIS가 어떻게 세 가지 의미를 포괄하게 되었는지를 설명했다. 먼저, 지리정보 시스템GISystems은 지도 제작과 공간 분석을 위해 소프트웨어와 하드웨어에 집중한다. 둘째, 지리정보 서비스GIServices는 인터넷과 모바일 기기를 통해 지리공간정보와 지도 제작 서비스, 공간 분석을 전달한다. 마지막으로, 지리정보 과학GIScience은 '질문을 동력 삼아' 과학적 방법을 이용해서 지리적 패턴과 과정, 관계를 이해한다.

GIS 내에서 데이터 흐름을 활성화하는 것은 지리공간 연산과 데이터 커버리지, 무선 네트워크, 지리정보 처리 서비스, 지리정보 태그가 달린 데이터와 유서 깊은 지리 지식으로 이루어진 가상의 세계인 지리공간 사이버 인프라다. 이런 상호작용은 40년 전의 로그표, 계산자, 종이지도와는 동떨어진 세계다. 지리정보 데이터는 지리적인 플랑크톤과도 같다. 머신러닝—데이터 활용 알고리즘—을 활용해서 수행능력을 개선하는 장치 안에 코드의 형태로 저장된, 인공지능AI용 디지털 먹이인 것이다. 지리학이라는 맥락에서 머신러닝은 대기오염, 토지용도 유형 표시, 자연재해 이후 소셜미디어 활동의 집중도 규명 같은 분야에서 예측과

※ 샌디에이고주립대학교 지리학과 교수.

무리 짓기, 분류를 자동화할 수 있다. 머신러닝의 하위범주인 '딥러닝'은 소프트웨어가 자체적인 훈련을 통해 이미지 인식을 비롯한 업무를 할 수 있게 해 준다. 공간 패턴 감지와 이미지 분류가 자동으로 이루어질 수 있는 것이다.

GIS는 밤에는 정령처럼 당신의 화면 뒤로 기어간다. 스마트폰의 앱들은 현장 데이터를 수집하고 편집한다. 텍스트, 사진, 비디오의 지리정보를 웹상에 있는 여러 층의 지도에 통합할 수 있게 코드화하여 업로드한다.

터치스크린은 클라우드에 있는 가상의 지도와 상호작용을 한다. GIS 비즈니스 소프트웨어는 인터넷 트래픽을 매출로 변환하고, 점포 위치 정보 지도를 만들어 내고, 거래 관계를 보여 주고, 유통을 조율하고, 추적 시스템을 가동하고, 자산과 부채를 관리할 수 있다. 2030년대를 향해 가고 있는 지금, GIS는 굉장히 다재다능해져서 현대사회의 여러 양상 가운데 그 손길이 미치지 않는 곳이 거의 없을 정도다. 시카고에서 상파울루까지, 베이징에서 첸나이에 이르기까지, GIS는 수백만 가지에 달하는 일상의 결정사항에 동력을 제공하고 있다. 자연재해, 목재 관리, 홍수지역, 야생동식물의 서식지, 자원 관리, 토지 이용계획, 교통, 보건계획, 군사작전, 농업, 범죄, 이 모든 것이 GIS 응용 목록의 앞머

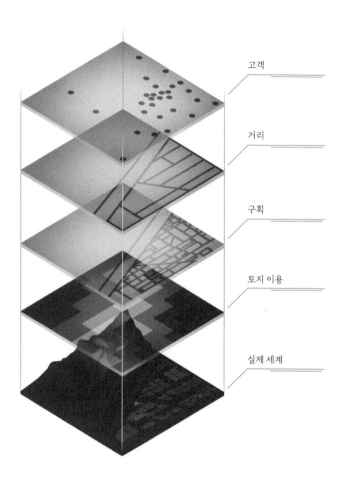

고객

거리

구획

토지 이용

실제 세계

GIS는 공간입지를 분석하고 정보의 층위를 지도와 3차원 장면을 이용한 시각자료로 조직할 수 있다.

© Esri UK

리에 있다.

GIS는 어려움에 처한 지역에서 막대한 잠재력을 발휘한다. 재난지역에 더욱 효율적으로 긴급구조팀을 파견할 수 있고, 의료서비스 역시 효율적으로 운영할 수 있다. GIS 프로그램은 말라리아와 에볼라 퇴치에도 사용할 수 있다. 일례로 사우샘프턴대학교의 앤드루 테이텀이 연구하고 있는, '개인정보가 제거된' 휴대폰 데이터를 이용해서 인구 데이터상의 공백을 메우는 방법이 있다. 이는 통계자료가 부족해서 빈곤을 퇴치하기가 훨씬 힘든 나라에 절실하게 필요한 작업이다.

기술 발달이 가속화하면서 불안이 촉발되는 것은 처음이 아니다. 증기기관이 발명되었을 때도, 자전거가 등장했을 때도, 내연기관이 탄생했을 때도 그랬다. 농업이 도입되었을 때도 마찬가지였다(자기 의견을 전해 줄 수 있는 수렵채집 집단이 거의 남아 있지 않긴 하지만 말이다). AI는 역사적으로 인간이 수행했던 과정을 자동화할 것이다.

그리고 GIS에는 지리공간적 기술 격차를 확대할 잠재력이 있다. 지리공간적 사이버 인프라에는 막대한 돈이 들어가는데, 농촌과 도시 간, 저개발국과 개발국 간, 부자와 빈자 간에는 넓은 간극이 있다. 구글 스트리트 뷰는 아직 아프리카와 아시아의 막대한 지역을 서비스에 포함하지 못하고 있으며, 도시에 따라 업데이트 빈도 차이가 크다. 지리정보 서비스 혜택을 누리려면 연결되어 있어야 한다. 지리정보 사이버 인프라가 닿지 않는 지역은 스마트 차량이나 인도주의적 원조 같은 서비스에 접근하지 못할 수도 있다. 추밍샹은 디지털 격차가 "심각한 사회문제와 사회불안을 야기할 수 있다"고 말한다. 이를 예방하려면 공공참여형 GIS의 역할이 날로 중요해질 것이다.

GIS가 단순히 기존의 권력관계를 공고히 하기만 할까? 아니면 주변화한 지역 또는 집단에 힘을 불어넣는 등 더 긍정적으로 활용될 수 있을까? 슬로베니아 출신의 스페이셜컬렉티브 대표 프리모시 코바치치는 GIS를 이용해서 나이로비의 생활여건이 좋지 못한 두 정주지에 사는 사람들에게 자신의 공동체를 지도에 옮기는 법을 가르치는 프로젝트를 진행했다. 키베라와 마타레에는 300만 명 이상이 살지만 공식적인 지도에는 나와 있는 게 거의 없었다. 코바치치는 GPS 기기를 가지고 "사람들을 데이터 과학자로 변신"시킬 수 있었다. "시민 지도 제작자들"이 처음으로 물과 전력, 의료서비스와 쓰레기 수거의 부족 상황을 모두 지도에 나타낼 수 있었다.

지리공간 데이터와 GIS는 21세기 지리학 도구 가운데 최상위에 놓여 있다. 전 지구적인 사안에 이 수단이 필요하다. 지도는 늘 지리학의 보편 언어였다. 우리는 모두 타고난 지도 제작자다. 흙바닥이나 눈 위에 그린 선과 점 몇 개면 공동의 장소와 공간 개념을 충분히 전달할 수 있다.

30여 년 전 위대한 지도역사학자 J.B. 할리는 "내부 정신세계와 외부 물리적 세계 간의 중재자"로서의 지도에 관한 글을 남겼다. 지도는 "인간이 우주를 다양한 규모로 파악할 수 있게 돕는 기본적인 도구"다. 딥러닝을 기반으로 한 GIS라는 새롭고 상호적인 3차원 디지털 세상이 있는 한, 우리는 미래를 이해할 수 있다.

6장
지리의 시대

이 마지막 장에서는 집단적인 지리 지식이 다른 어떤 사회 집단보다 훌륭한 학생과 교사들을 치하하고 싶다. 그다음 에는 인류 앞에 놓인 지리적 과제를 살펴보고 앞으로 어떻게 나아갈지 질문을 던질 것이다. 그렇지만 먼저 교육가들 이야기부터 해 보자.

지리교사들은 온 세상을 손안에 쥐고 있다. 그들은 학교와 대학의 '인크레더블'이다. 예를 들면 루시 스프라그 미 첼이 바로 그런 인물이다.

일군의 지리학자와 심리학자들이 모든 문화권의 어린 아이들이 지도와 비슷한 모델을 다룰 수 있다는 사실을 발견하기 70년 전, 미국의 한 교육학자가 비슷한 결론에 도달했다. 1878년에 태어난 미첼은 매사추세츠 케임브리지에 있는 여자인문대학인 래드클리프 칼리지에서 교육받았다. 젠더 문제가 뜨겁던 시기였다. 래드클리프 칼리지의 교육적 기량은 가까운 하버드대학교의 원망과 걱정을 자아냈다. 남녀공학을 기피하던 하버드의 교수진은 하버드가 '순수하게 남성적인' 지위를 잃게 될까 두려워했다. 하지만 젊은 여성들에게 상상력과 에너지를 분출하는 법을 보여 준 페미니스트 샬럿 퍼킨스 길먼과 제인 애덤스가 활약하던 시대였다.

미첼은 케임브리지에서 캘리포니아로 이주해 버클리대학교 최초의 여성 학장이 되었지만 진짜 소명은 동부인 뉴욕에 있었다. 미첼은 그리니치 빌리지에서 30년 동안 살면서 교사로서, 진보적인 학교교육 이론가로서, 뱅크스트리트교육대학 설립자로서 입지를 다졌다. 탁월한 저서 『어린 지리학자들: 그들은 세상을 어떻게 탐구하고 지도에 표현하는가』에서 미첼은 "어린아이라도 지리학적인 방식으로 사고할 수 있으며 실제로 그렇게 한다"고 주장했다. 그는 4세부터 13세 어린이를 위한 지리학 커리큘럼을 만들었다. 현장학습과 지도 제작의 초창기 지지자였던 미첼은 학교 인근 동네를 교실의 확장으로 여겼다. 그는 독자들에게 "지리학을 일종의 실험실 활동으로 생각해 보라"고 촉구했으며 "모든 교사는 아이들과 함께 눈앞에 보이는 주변 세상 또는 과학적인 지리학 데이터를 발견할 수 있는 곳이면 어디서든 원자료를 탐구해 보고, 이 데이터에 내재하는 관계를 공부할 수 있는 도구를 발명해 보라"고 격려했다.

미첼이 미국의 지리학계를 주도했더라면 다른 방향으로 나아갔을 수도 있지만 20세기 후반 몇십 년 동안 상황이 썩 좋지 않았는데, 그 이유로는 특히 하버드가 지리학을 가르치지 않기로 했다는 점을 꼽을 수 있다. 하버드에 이어 다른 유수의 미국 기관들도 같은 행보를 취했다. 대가는 혹독했다. 1989년에 갤럽이 조사한 바에 따르면 미국인의 14퍼센트가 지도에서 미국을 찾지 못했다.

이와 같은 지리적 문맹화가 진행되던 시기에 오히려 두각을 나타낸 인물로 워싱턴 D.C.에 있는 조지타운대학교 지리학과 교수 하름 데 블레이가 있다. 네덜란드에서 태어난 그는 유럽에서 학교를 다니고 아프리카에서 학부과정을 마쳤으며 미국에서 대학원을 다녔다. 영리한 전달자이자 학자인 그는 30여 권의 책을 저술하고 40년간 텔레비전과 저널리즘, 강의를 통해 지리학을 소개했다. 데 블레이에게 지리학은 "고립주의와 고루한 지방주의의 해독제"였다. 1995년 그는 "양질의 지리학 기초교육에 노출되지 못한 일반 대중은 온갖 종류의 오보에 속아 넘어갈 수 있다"고 경고하기에 이른다. 21세기 탈진실의 뿌리가 부분적으로 지리적 무지와 오용에 있다.

오늘날 미국, 캐나다, 영국에서는 보통 아이들의 나이가 6세쯤인 초급학교 1학년 때부터 지리학을 가르친다. 잉글랜드에서는 국가 핵심단계 1과 2의 커리큘럼이 경관, 지리적 과정, 지도 기술, GIS의 자연과학적 측면과 인문학적 측면을 포함하는 광범위한 주제를 다룬다. 잉글랜드의 일곱 살 아이가 지구본을 들여다보면서 "나라가 이렇게 많은 줄 몰랐네!"라고 감탄하거나 지도에서 '남비아'※를 찾는 일이 발생해서는 안 된다.

중국과 인도의 어린이들은 이보다 사정이 좋지 못하다. 2015년 쉬안샤오웨이, 돤위산, 쑨웨가 발표한 논문에 따르면 중국에서는 1학년과 2학년 때(그러니까 6세와 7세 때) 지리를 전혀 가르치지 않고, 3학년부터 6학년까지의 경우 조사 대상이었던 학교들에서는 자격을 갖춘 교사가 매우 부족했다. 즉 초등학교 가운데 지리와 관련된 교육 배경이 있는 교사가 전무한 곳이 90퍼센트였다. 중국의 중

※ 미국 대통령 도널드 트럼프가 잠비아와 나미비아를 혼동해 남비아라고 말해 구설수에 오른 적이 있다.

등학교에서는 지리학을 이보다 좀 더 체계적으로 가르친다. 2018년에 발표된 한 논문에 따르면 대부분의 지리교사들은 "풍부한 지리학 지식과 학제적 지식"을 갖추었고 대부분의 학생들은 "사람, 자원, 환경문제와 기후변화"에 익숙했다.

인도에서는 기초 지리교육도 부족하지만 더 넓은 차원의 학습위기가 심각하다. 인도는 성인 문맹인구가 약 2억 8700만 명으로 세계에서 가장 많다. 학생들 가운데 8학년(14세)을 마치기 전에 기본적인 읽기와 쓰기 능력을 갖추지 못한 채로 학교에서 이탈하는 경우가 약 40퍼센트에 달한다. 어느 교육보고서의 표현에 따르면 중등학교에서 대부분의 교사들은 "지리학 지식과 적절한 교수 역량이 부족하다."

유네스코는 이와 같은 종류의 학습위기를 겪고 있는 나라를 20개국 더 열거한다. 가장 절박한 나라들은 환경 스트레스에 대한 노출이 이미 극심한 사하라 이남 아프리카 같은 지역에 있다.

완벽한 세상이라면 모든 어린이가 기초적인 지리교육에 접근할 수 있을 것이다. 학령기 아이들은 지도와 유사한 모델을 다룰 능력을 갖추고 있다는 점을 감안할 때, 이 아이들에게 공교육 첫해부터 지리학의 언어를 소개하는 것이 타당하다. 상호적이고 필수적인 지리학 개념은 아이들이 수학과 언어, 놀이 속으로 여행을 떠날 때 동반자가 될 수 있다. 지리학은 놀이기구와, 현실의 축소판과, 소규모 모델의 창작과 관련이 깊다. 미로 같은 도시, 나뭇가지처럼 갈라지는 하천 시스템, 교통과 통신망, 다채로운 생태계, 이국적인 지형은 교실이나 국지적인 탐험과 궁합이 아주 좋다. 어릴 때부터 지리적 인식의 뿌리에 물을 주면 지식의 나무가 열매를 맺을 것이다. 교육가들은 아주 오랫동안 이 사실을 알고 있었다.

초기에 지리적 상상력을 육성하면 아이들은 중등교육의 토대로 활용할 수 있는 세계관, 성인으로 도약할 수 있는 발판, 어려움에 빠진 지구의 미래를 결정할 수 있는 의사결정 역할을 보상으로 받게 된다. 지식은 스스로 몸집을 불리는 성향이 있다. 작은 배움도 얼마 지나지 않아 큰 배움이 된다. 우리 주변에 대한 더 나은 이해는 주위에 널린 난제를 해결하기 위한 첫 단계다. 미래의 많은 문제 해결자를 대학에서 발견할 수 있다. 그리고 지구과학자 리처드 앨리가 자신의 책 『2마일 시간기계』The Two-Mile Time Machine의 개정판 서문에서 지적했듯 "우리에게는 명석한 학생이 많이 있다. 기후변화 지식이 이 학생들에게 우리를 지속가능한 에너지 시스템을 향해 끌고 나갈 동기를 제공할 수 있다."

지리학은 머나먼 조상들이 공간기술을 발휘해 환경의 새로운 적소를 탐색하던 이후로 아주 먼 길을 왔다. 단순한 생존전략에서 해양 연구, 도시계획, 주택, 농업, 안보, 비즈니스 등의 숱한 응용분야에 활용될 수 있는 과학으로 진화해 왔다. 인문지리학자들은 빈곤과 불평등, 보건 위기를 완화하려고 힘쓰고 있으며, 정치지리학자들은 선거에서 선출되어 정부의 수장을 맡기도 하고, 자연지리학자들은 기후과학자들과 같은 연구실에서 연구에 매진한다. 지리학 학위가 있는 사람들이 다국적 회사와 전 지구적인 비정부기구를 운영한다. 지리학은 텐트로 이루어진 남극의 야영지에서 데이터를 수집하고, 도시에서 지속가능한 교통 시스템을 시행하며, 아프리카와 아시아에서 도농이주를 연구하고, GIS를 가지고 새로운 방식으로 지표면을 탐구해서 드러내 보인다.

지리학은 늘 재발명의 상태였다. 자신의 경로를 꾸준히 수정하는 지식의 하천이다. 지리적 공간을 절대적으로 간주하다가 예컨대 시간과 비용이라는 상대적인 측면에서 공간을 측정하게 된 1950년대의 변화 덕분에 인간의 행태와 공간적응 활동에 대한 탐색의 세계로 가는 문이 열렸다.

오늘날 학교에서 지리학을 제대로 접해 본 사람이라면 누구나 지구의 주요 난제들을 충분히 알고 실천이 절박하리만치 시급하다는 사실을 인지하고 있다. 지구 시스템이 난관에 봉착해 있다.

내 서가에 늘어선 책들은 무언의 비명으로 합창을 한다.『침묵의 봄』,『6도』,『상전벽해』,『이번 세기에 살아남기』,『마지막 세대』,『더위』,『지옥 그리고 만조』,『지구를 구하는 7년』,『위협받는 우리의 바다』,『재난현장 노트』,『우리 최후의 세기』,『내 손자들의 폭풍』,『거주불능지구』,『미래가 불타고 있다』…… . 그리고 이 책들은 (녹고 있는) 빙산의 일각일 뿐이다. 1997년, 미국의 지리학자 로버트 색은『호모 지오그래피쿠스』에서 "우리는 이제 지리적 리바이어던"이라고 썼다. 우리의 행동은 아주 광범위한 사건을 몹시 빠르고 강력하게 일으켜서 이제는 우리 손으로 자연과 사회적 관계, 의미의 구조를 찢어발기기 직전에 이른 듯하다.

색이 키보드를 두드려 글을 쓰기 한 세기 전쯤, 선도적인 환경보호운동가 조지 퍼킨스 마시는 손글씨로 이렇게 경고했다.

소아시아와 북아프리카, 그리스, 심지어 유럽의 알프스 일부 지역에서는 인간이 촉발한 원인의 작용 때문에 지구의 얼굴이 달만큼 완전히 황량해지는 일이 벌어졌다. (……) 그리고 이와 똑같은 인간의 범죄와 경솔함의 시대가 한 번 더 도래할 경우 (……) 생산성이 바닥을 치고, 표면이 산산조각 나고, 기후가 한도를 초과하여 삶의 질 하락과 야만, 어쩌면 종의 소멸까지도 감수해야 할지 모른다.

1847년 버몬트 러틀랜드카운티 농업협회에서 한 연설에서 마시는 "기후 자체는 인간의 행위 때문에 점진적으로 변화하고 개선되거나 악화한 경우가 많았다"고 경고했다. 이는 존 틴들이 대기의 구성과 기후변화의 관계를 탐구하기 시작한 것보다 10여 년 앞선 일이었다.

우리는 '자연상태의' 지구를 되찾을 수 없다. 수 세기 동안 우리는 지구의 탄소, 질소, 물의 순환을 망쳐 놓았다. 1만 년 전에는 포유류 생물량 가운데 사람과 길들여진 가축이 0.1퍼센트를 차지했던 것으로 추정된다. 그런데 이제는 그 수치가 약 90퍼센트로 치솟았다. 우리는 인류세※An-thropocene를 살아간다. 지구의 자연 시스템에 대한 인간의 개입으로 정의되는 이 최초의 지질학적 시대는 지구라는 구명선과 인류 사이에 새로운 관계가 시작되었음을 알린다.

문명과 계몽상태에 도달하게 된 씩씩한 여행길에서 우리는 식량생산을 늘렸고 전염병에 맞섰고 국가 차원의 보건 시스템을 만들었다. 그러나 이와 함께 새로운 난제도 잔뜩 쌓였다. 이 꾸러미의 내용물을 어떤 식으로 풀어놓는지에 따라 우선순위의 범주가 달라질 수 있다. 2015년 유엔은 17가지 '지속가능발전목표'를 밝히고 2030년까지 모두 해결해야 한다는 과제를 설정했다.

1. 빈곤 타파
2. 기아 극복
3. 건강과 행복
4. 양질의 교육
5. 젠더 평등
6. 깨끗한 물과 위생
7. 경제적이고 깨끗한 에너지

※ 네덜란드의 화학자 크뤼천이 제안한 개념.

8. 양질의 일자리와 경제성장

9. 산업, 혁신, 인프라

10. 불평등 감소

11. 지속가능 도시와 지역사회

12. 책임 있는 소비와 생산

13. 기후 실천

14. 물속 생명

15. 지상의 생명

16. 평화, 정의, 강력한 제도

17. 목표를 달성하기 위한 협력관계

이 모든 목표가 지리와 관계가 있다. 이 짧은 기간 동안 이 많은 목표(유엔은 이를 169개의 소과제로 나눈다)를 붙들고 씨름하고, 잠재적인 모순(이를테면 전 세계의 GDP 증가 추구와 생태적 목표 사이의 모순)을 해소하는 데 따르는 상당한 어려움은 일단 차치하더라도, 이 목록은 앞으로 수십 년 동안 우리가 맞닥뜨릴 숙제의 규모를 보여 준다. 인간과 장소, 환경을 더 넓고 깊게 이해하지 않고서는 이 가운데 어떤 문제도 해결하지 못한다. 해결 과정에 따르는 곤란의 정도는 문제마다 차이가 있지만, 모든 문제가 인류의 미래를 위해 중요한 의미가 있다. 특히 13번은 시스템의 복병이다.

기후온난화의 원인과 관련해서는 벌써 견고한 합의가 이루어져 있다. NASA의 말을 빌리면 "동료 검토를 거치는 과학 저널에 발표된 숱한 연구가 논문을 적극적으로 발표하는 기후과학자의 97퍼센트 이상이 동의한다는 사실을 보여 준다. 지난 세기의 기후온난화 추이가 인간의 행위 때문일 가능성이 극도로 높다는 점에 대해서 말이다."

지구온난화는 자동차 한 대를 멈추는 것보다 훨씬 어려운 일이다. 오늘 당장 이산화탄소를 대기에 뿜어내기를 중단하더라도 그 끔찍한 물질은 남아 있다. 시카고대학교 지구물리학과의 데이비드 아처는 우리가 오늘 당장 온실가스 배출을 중단하더라도 대기는 앞으로 천 년 동안 화석연료탄소 17-33퍼센트로 여전히 오염된 상태일 것이고, 그것을 10-15퍼센트로 줄이는 데 1만 년이 걸릴 것으로 추정했다. 이산화탄소는 사실 꼬리가 아주 길다. 화석연료에서 발생한 이산화탄소 가운데 7퍼센트는 앞으로 10만 년 동안 남게 된다.

2015년 12월 파리에서 개최한 회의에서 195개국이

기후변화의 영향을 줄이려는 노력의 일환으로 보편적이고 법적 구속력이 있는 최초의 전 지구적 기후합의를 채택했다. 명시적인 목표는 세계 평균기온 증가분을 산업화 이전보다 섭씨 1.5도 높은 수준으로 제한하는 것이었다. 안타깝게도 기온은 이미 섭씨 1도 상승한 상태다. 파리 감축조치를 지금 당장 이행한다 해도 2030년이면 섭씨 1.5도에 도달할 수 있다. 섭씨 2도쯤 증가할 경우 많은 문제가 심각해지리라는 것이 일반적인 견해다.

　정책 입안자들은 이미 수십 년 전부터 이 사실을 알고 있었다. 한참 전인 1972년, 바버라 워드와 르네 뒤보는 유엔인간환경회의 사무총장이 발주한 보고서에서 세계 평균 표면기온이 2도 상승하면 "지구의 장기적인 온난화가 촉발될 수 있다"고 경고했다. 이 보고서를 준비하는 과정에는 58개국에서 모인 152명으로 구성된 위원회의 도움이 있었다. 출판계에서는 '인간왕국의 최후에 관한 책'이라는 별명이 따라붙은 책『하나뿐인 지구』Only One Earth가 성공을 거두었지만 정책을 바꾸는 데는 실패했다.

　그 뒤로 50년이 흘렀다. 지구의 네 가지 제어 요인 중 하나인 대기는 인간이 살기에 점점 힘들어지고 있다. 이 작은 책의 첫머리에서 확인했듯 지구의 네 권역—생물, 물,

땅, 공기— 은 워낙 단단하게 맞물리고 서로 뒤얽혀 있어서, 완벽한 하모니 속에 사중주가 펼쳐지지 않고서는 인간이 지구상에서 살 수가 없다. 생물권과 수권은 무지막지한 압박을 받고 있다. 그러나 기후문제가 워낙 다급해졌기 때문에 대기 관리가 '해야 할 일' 목록의 최상위에 올라앉게 되었다.

'전 사회부문의 유례없는 이행'을 부르짖은 2019년 유엔의 요청은 또 다른 경고였다. 이행은 시급하다. 많은 나라들이 파리합의의 포부에 맞춰 실천하지 못하고 있는 상황과 최근의 배출 추이를 감안하면 온실가스는 21세기 중반이면 2도 상승에 도달하고, 2070년이면 3도 상승에 도달하는 속도로 증가할 것이다.

2018년 IPCC의 한 보고서는 파리에서 정한 1.5도 상한선을 뚫고 2도에 도달했을 때 어떤 일이 벌어질지를 살펴보았다. 폭우, 혹서, 가뭄과 홍수의 강도가 증가할 것이다. 지구가 1.5도 더워지는 데 그칠 경우, 2100년이면 세계 평균 해수면이 1986-2005년 수준보다 0.26-0.77미터 상승하게 된다. 2도 더워지면 0.1미터 더 상승하고 추가로 1천만 명이 위험해진다. 그린란드의 빙상과 남극의 해양빙상이 불안정해져서 장기적으로 녹고 해수면이 몇 미터 높아질 위험도 더 커진다. 세계 시스템이 이렇게 서로 연결되어 있기 때문에 1.5도에서 2도로 오를 경우 야생 동식물부터 경제성장에 이르기까지 생물권 전체가 타격을 받을 것이다. IPCC의 예측에 따르면 기후 관련 위험에 노출되고 빈곤에 취약한 사람들의 수가 '수억 명까지' 치솟을 수 있다.

우리 시대의 역설은 우리가 스스로를 보호할 극단의 조치를 취할 능력이 있음에도 우리 종의 생존에는 무심해 보인다는 점이다. 어쩌면 이제 이 둘이 서로 연결되어 있음을 인정할 때인지 모른다. 우리는 부인하고 미적거리기만 했다. 그리고 이제는 경제 시스템이 자연 시스템과 충돌하고 있다. 동시에 우리는 이미 진행 중인 환경변화에 대응하면서 지구가 더 이상 더워지는 것을 막아야 한다. 두 작업모두 '긴급'하다.

우리 발목에서 찰랑대기 시작한 환경변화 중에는 물순환의 변화가 있다. 앞에서 확인했듯 물순환은 닫힌 시스템이다. 그러나 기온이 오르고 얼음이 녹으면서 액체상태 물의 양이 늘어나고 전보다 훨씬 역동성을 띠고 있다. 국가별 준비상태는 천차만별이다. 500만 이상이 홍수와 해변침식의 위험에 놓인 잉글랜드에서는 환경청이 예방보다는 회복력을 갖추는 데 힘쓰고 있다. 세계 기온이 4도 높아졌을 때를 대비한 전략도 고려 중이다. 많은 지역사회가 미래의 기후위기에 대비하지 못할 수 있는데, 어쩌면 사람들을 피해의 진행경로에서 벗어나 새로운 장소에 자리 잡게 하는 편이 나을 수도 있다.

네덜란드가 북해와 맞닿은 해안선 전체에 갖춰 놓은 기존의 홍수 예방 시스템은 벌써 세계 최고 수준이지만, 네덜란드 해안 해수면 상승에 관한 최신 추정치를 보면 제방과 해일 방파제를 더 개선하고 강폭을 넓히는 동시에 연안의 모래를 보충하지 않으면 안 되는 실정이다. 가능하기만 하면 이러한 기후 적응 방안은 야생 동식물 서식지와 공공 설비 개선과 통합적으로 진행된다.

에이설강에 있는 캄펜 마을 외곽에서는 자전거도로와 산책로를 갖춘 새로운 하천 삼각주가 자연보존구역 기능을 하고, 새로운 홍수 대비용 수로에서 레저용 보트를 탈 수 있다. 전국 차원에서는 '함께하는 기후저항'Climate-proof Together 플랫폼과 지식·도구·경험을 공유할 수 있는 중추적인 기후적응 웹사이트 '지식포털'이 만들어졌다. '델타 프로그램'(부제는 '네덜란드를 기후변화에 제때 적응시키기') 전문가들은 베트남, 방글라데시, 미얀마, 필리핀, 인도네시아 같은 다른 저지대 국가들과 지식을 공유하고 있다.

물론 우리에게는 이와 같은 경험이 있다. 수천 년 전 동아시아에서는 우왕이 황허강에 제방을 쌓고 워낙 효과적으로 통제한 덕분에, 중국 최초로 기록된 왕조의 거대하고 위협적인 범람원이 비옥하고 인구밀도가 높은 핵심지역으로 부상했다. 우왕이 신화 속 인물이든 실제 인물이든 그의 노력은 복원력이 있는 미래로 가기 위한 열쇠를 쥐고 있다. 우왕 이야기는 지구공학이 환경재난을 예방할 수 있고 그 과정에서 과거에 위험에 빠졌던 사람들에게 먹거리와 건강, 풍요를 제공할 수 있음을 보여 준다. 현대에도 탄소 배출량을 감축하는 동시에 더 평등한 미래를 건설하고자 하는 그린뉴딜 계획에서 이와 비슷한 구상을 확인할 수 있다.

그린뉴딜은 포괄적이면서도 합리적이다. 수많은 실패를 거듭한 경제모델은 지구의 자연 시스템을 보호하고 복구하는 과정에서 모든 이에게 이롭게끔 개선될 수 있다. 뉴딜의 핵심 아이디어는 일자리를 창출하고 의료서비스와 보육, 교육 등에 투자하는 동시에 기후문제를 해결하는 것이다. 유엔지속가능발전이 2030년에 맞춰 설정한 목표를 달성하기 어려울 것으로 보이는 이유로는 병든 세계경제, 무역과 통화의 이동 그리고 기술흐름을 둘러싼 불협화음 탓에 이 다자적 시스템이 계속 제 갈 길을 가지 못했던 과거 역시 꼽힌다. 지구 차원에서 유엔은 '글로벌 그린뉴딜'을 시들어 가는 2030년 지속가능발전목표 달성에 필요한 다자주의를 구축할 수 있는 최선의 선택지로 바라본다.

유엔의 리처드 코줄라이트는 이렇게 말한다.

우리에게 필요한 것은 에너지와 교통, 식량 시스템의 탈탄소화에 대한 막대한 공공투자를 통해 환경복원, 재정안정성, 경제정의를 결합하는 한편, 적정 기술과 충분한 재원의 이전을 통해 기후전투에서 승자가 될 수도 패자가 될 수도 있는 개도국의 저탄소 성장경로를 지원하고 고향을 잃은 노동자들에게 일자리를 보장해 주는 글로벌 그린뉴딜이다.

여기서 잠시, 지구의 기온이 1.5에서 2도 상승할 경우 '수억 명'이 추가로 빈곤해질 것이라는 IPCC의 예측을 다시 떠올릴 필요가 있다. 현행 모델을 지속할 때 인간이 치를 대가는 정말 상상하기도 힘들다.

코줄라이트는 모두에게 지속가능한 발전을 달성하는 데 필요한 공공선을 성취할 수 있는 유일한 방법은 "국가 차원뿐만 아니라 세계 차원에서도 자금이 넉넉히 지원되고 민주적이며 포괄적인 공적 영역을 창출하는 것"이라고 주장한다.

그럼에도 그린뉴딜은 국가 차원에서마저 아직 걸음마 수준이다. 미국에서 민주당이 지원하고 있는 그린뉴딜은 1930년대에 프랭클린 루스벨트가 미국을 대공황에서 건져 내기 위해 추진했던 긴급 '뉴딜'프로그램의 후신이다. 그 열렬한 지지자 중에는 미국 국회의원 알렉산드리아 오카시 오코르테스와 작가인 나오미 클라인이 있다. 클라인은 미국의 그린뉴딜을 "금세기 중반까지 온 세계를 순제로 배출에 이르게 하는 데 발맞춰, 단 10년 만에 순제로 배출에 도달하고자 하는, 탈탄소화를 향한 대단히 야심만만한 접근법"이라고 생각한다.

도시 차원에서는 그린뉴딜이 하나의 비전을 넘어섰다. 이 글을 쓰고 있는 시점을 기준으로 30개 도시가 이미 배출량 정점을 찍고 나서 순제로를 향한 궤도에 올랐다. 별도의 100개 도시는 1.5도 목표에 도달하기 위한 기후행동계획에 전념하고 있다. 2019년 안 이달고 파리시장은 "글로벌 그린뉴딜 말고는 다른 방법이 없다"고 말하고 이어서 "그것은 시계를 되돌리기 위한 이 경주에서 이길 수 있는 중요한 수단이다. 모든 의사결정자들은 그것을 현실화하는 데 책임을 져야 한다"고 덧붙였다.

처음에 시작한 곳에서 이야기를 마쳐야 할 듯하다. 변화에는 정해진 형태가 없다. 땅, 공기, 물, 생명. 화창한 아침에 우리가 산에 있는 샘에서 물을 마실 수 있게 해 주는 상호의존적인 이 네 가지 구성요소는 전 우주를 통틀어 다른 어디에도 존재하지 않는 지리적 선물이다. 우리가 그 즐거움을 꾸준히 누리고자 한다면 우리의 사적인 세상과 공동의 세상을 구성하는 사람과 장소, 환경에 관해 알아야 할 것이다. 이런 세상은 늘 변화 상태 속에 있었으며 우리는 언제나 거기에 적응해야 했다.

우리는 어떻게 하면 살기 좋은 미래를 위해 힘쓸 수 있는지를 알고 있다. 유엔의 17가지 지속가능한 지리적 발전 목표가 전 지구 차원에서 해야 할 일 목록으로 제시되어 있고, 이 가운데 13번인 기후는 당장 실천이 필요해서 특별히 별표가 붙어 있다. 그린뉴딜은 더 넉넉하고 건강한 미래를 위해 여러 규모에서 활용할 수 있는 견본으로 제시되어 있다. 이 모든 타당한 제안은 대중이, 정치인이, 정책입안가가, 재계 지도자들이 지리학의 기본 내용을 숙지하고 당장 실천할 것을 요구한다.

지금처럼 지리학이 중요한 시기는 없었다. 상호연결된 시스템의 복잡한 소용돌이에 의해 검은 우주 속에 떠 있고 서식지는 처참하게 파괴된 이 유한한 둥근 공 위에서, 인간의 집단적인 여정은 이제 지식이 가장 든든한 미래의 동반자가 될 수 있는 지점에 도달했다. 지리학이야말로 우리를 계속 인간이도록 해 줄 것이다.

감사의 말

이런 종류의 책은 쓰기보다는 읽기에서 비롯된다. 그래서 항상 그렇듯 왕립지리학회, 런던도서관, 영국국립도서관의 직원과 자원에 이루 말할 수 없는 고마움을 느낀다. 또한 내가 왕립지리학회장직을 수행하는 동안 견해를 나눠 준 많은 동료와 친구들에게도 고마운 마음을 전한다. 학부시절부터 훌륭한 친구 마틴 굿차일드는 초고를 검토해 주었다. 이번 2판에 대해 그 누구보다 꼼꼼한 시선으로 생각을 밝혀 준 리처드 크레인 박사에게도 고마운 마음을 전한다. 내 에이전트 짐 길은 내가 이 세상을 한정된 공간에 욱여넣느라 씨름하는 동안 마음의 평화를 제공해 주었다. 오라이언에서는 내 담당 편집자 앨런 샘슨과 폴 머피가 전문지식과 응원을 전해 주고 이해심을 꾸준히 발휘해 주었다. 오라이언의 엘리 프리드먼이 효율적으로 일해 준 덕에 빡빡한 마감일에 맞춰 책을 수정하고 2판을 낼 수 있었다. 집에서는 내가 저작 활동을 하느라 봉우리를 오르고 등산로를 걷고 돌풍에 맞서는 동안 애너벨, 이모겐, 킷, 코니가 내 곁에 있어 주었다. 고맙다는 말로는 결코 충분하지 않을 것이다.

이 책 작업을 하는 동안 소중한 친구 한 명이 세상을 떠났다. 남편이자 아버지, 지질학자이자 등반가, 자전거 선수, 양봉가, 장소 애호가 더글러스 레니 화이트는 내가 이 페이지까지 이어지는 길고 구불구불한 길에 오르게 한 지리학 여행과 실수를 함께한 동반자였다. 나는 더그와 함께 불가능에 도전하는 것이 가능한 것에 안주하는 것보다 더 재미있다는 사실을 배웠다.

참 고 문 헌

지리학은 다채로운 학문들을 끌어들여 왔는데, 여기에는 내가 이 책을 쓰기 위해 읽고 도움을 받은 자료를 늘어놓았다. 학술논문은 넣지 않았지만 목록 끄트머리에 몇몇 중요한 웹사이트를 추가했다.

일반

Kish, G. (ed.), A Source Book of Geography, 1978

Richardson, D. (Editor in Chief), International Encyclopedia of Geography, People, the Earth, Environment, and Technology, 2017

서문

Farrell. C., Green, A., Knights, S., Skeaping, W. (eds), This Is Not a Drill: An Extinction Rebellion Handbook, 2019

Thunberg, G., No One Is Too Small to Make a Difference, 2019

Wallace-Wells, D., The Uninhabitable Earth: A Story of the Future, 2019 [『2050 거주불능지구』, 김재경 옮김, 추수밭, 2020]

1장

Alley, R., The Two-Mile Time Machine, Ice-cores, Abrupt

Climate Change and Our Future, 2000, 2014

Brooke, J., Climate Change and the Course of Global History: A Rough Journey, 2014

Castree, N., Demeritt, D., Liverman, D., Rhoads, B., A Companion to Environmental Geography, 2009, 2016

Fortey, R., The Earth: An Intimate History, 2004

Lenton, T., Earth System Science: A Very Short Introduction, 2016

Maslin, M., Climate: A Very Short Introduction, 2013

Matthews, J., Herbert, D., Geography: A Very Short Introduction, 2008

Poole, R., Earthrise: How Man First Saw the Earth, 2008

Roberts, N., The Holocene: An Environmental History (3rd edition), 2014

Woodward, J., The Ice Age: A Very Short Introduction, 2014

2장

Digby, B. (series ed.), Geography for Edexcel: A Level Year 1 and AS Level, 2016

Digby, B. (series ed.), Geography for Edexcel: A Level Year 2, 2017

Dow, K., Downing, T., The Atlas of Climate Change: Mapping the World's Greatest Challenge, 2011

Gervais, B., Living Physical Geography, 2015

Macfarlane, R., Landmarks, 2015

Mack, J., The Sea: A Cultural History, 2011

Mayer, J. (ed.), Alexis de Tocqueville, Voyages en Angleterre et en Irlande, 1958

O'Grady, Patricia F., Thales of Miletus: The Beginnings of Western Science and Philosophy, 2002

Waddell, E., Naidu, V., Hau'ofa, E. (eds), A New Oceania: Rediscovering Our Sea of Islands, 1993

Wadhams, P., A Farewell to Ice: A Report from the Arctic, 2017

3장

Braudel, F., A History of Civilizations, 1987

Burdett, R., Sudjic, D. (eds), Living in the Endless City: The Urban Age Project by the London School of Economics and Deutsche Bank's Alfred Herrhausen Society, 2011

Chang, J., Halliday, J., Mao: The Unknown Story, 2006

Cresswell, T., Place: A Short Introduction, 2004 [『짧은 지리학 개론 시리즈: 장소』, 심승희 옮김, 시그마프레스, 2012]

Dorling, D., Lee, C., Geography, 2016

Douglas, I., Cities: An Environmental History, 2013

Glaeser, E., Triumph of the City, 2011

Jacobs, J., The Death and Life of Great American Cities,

1961 [『미국 대도시의 죽음과 삶』, 유강은 옮김, 그린비, 2010]

Khanna, P., Connectography: Mapping the Global Network
    Revolution, 2016 [『커넥토그래피 혁명』, 고영태 옮김,
    사회평론, 2017]

Lahiri, J., Unaccustomed Earth, 2009 [『그저 좋은 사람』, 박상미
    옮김, 마음산책, 2009]

Latham, A., McCormack, D., McNamara, K., McNeill, D., Key
    Concepts in Urban Geography, 2009

Mehta, S., Maximum City, 2005

Tuan, Y., Historical Geography of China, 2008

West, G., Scale: The Universal Laws of Life and Death in
    Organisms, Cities and Companies, 2017

4장

Baddeley, A., Human Memory: Theory and Practice, 1990

Blundell, G., Nqabayo's Nomansland, San Rock Art and the
    Somatic Past, Studies in Global Archaeology 2, 2004

Chuanjun, W., Nailiang, W., Chao, L., Songqiao, Z. (eds),
    Geography in China, 1984

George, A. (trans.), The Epic of Gilgamesh, 2003

Mulk, I., Bayliss-Smith, T., Rock Art and Sámi Sacred
    Geography in Badjelánnda, Laponia, Sweden: Sailing
    Boats, Anthropomorphs and Reindeer, Archaeology and

Environment 22, 2006

Needham, J. (with Ling, W.), Science and Civilisation in China, Volume 3, Mathematics and the Sciences of the Heavens and the Earth, 1959

Sack, R., Homo Geographicus: A Framework for Action, Awareness and Moral Concern, 1977

Tilley, C., A Phenomenology of Landscape, Places, Paths and Monuments, 1994

Tuan, Y., Topophilia: A Study of Environmental Perception, Attitudes and Values, 1974

de Villers, G., 'From the Walls of Uruk: Reflections on Space in the Gilgamesh Epic', in Prinsloe, G., and Maier, C. (ed.), Constructions of Space V: Place, Space and Identity in the Ancient Mediterranean World, 2013

Waltham, C., Shu Ching, Book of History: A Modernized Edition of the Translations of James Legge, 1972

Wang, X., Jiao, F., Li, X., An, S., 'The Loess Plateau', in Zhang, L., and Schwärzel, K. (eds.), Multifunctional Land-Use Systems for Managing the Nexus of Environmental Resources, 2017

5장

Barber, P. (ed.), The Map Book, 2005

Boas, F., The Central Eskimo, 1888

Brotton, J., A History of the World in Twelve Maps, 2012

Brotton, J., Great Maps: The World's Masterpieces Explored
and Explained, 2014

Couprie, D., Hahn, R., Naddaf, G., Anaximander in Context:
New Studies in the Origins of Greek Philosophy, 2003

Freeman, K., Greek City States, 1950

Harley, J., Woodward, D. (eds), The History of Cartography,
Volume 1: Cartography in Prehistoric, Ancient, and
Medieval Europe and the Mediterranean, 1987

Huang, B. (ed.), Comprehensive Geographic Information
Systems, 2018

Imago Mundi, International Society for the History of
Cartography, 1935

O'Grady, P., Thales of Miletus: The Beginnings of Western
Science and Philosophy, 2002

Rovelli, C., The First Scientist: Anaximander and His Legacy,
2007

Schmidt-Glintzer, H., 'Mapping the Chinese World', in
Mutschler, F., and Mittag, A., (eds), Conceiving the
Empire: China and Rome Compared, 2008

Shore, A., 'Egyptian Cartography', in The History of
Cartography, Volume 1, Part Two, Chapter 7, 1987

Wu, X., Material Culture, Power, and Identity in Ancient China, 2017

6장

de Blij, H., Harm de Blij's Geography Book: A Leading Geographer's Fresh Look at Our Changing World, 1995

de Blij, H., Why Geography Matters More than Ever, 2012[『왜 지금 지리학인가』, 유나영 옮김, 사회평론, 2015]

Klein, N., On Fire: The Burning Case for a Green New Deal, 2019 [『미래가 불타고 있다』, 이순희 옮김, 열린책들, 2021]

Lewis, S., Maslin, M., The Human Planet: How We Created the Anthropocene, 2018

Livingstone, D. The Geographical Tradition, 1992

Lowenthal, D. (ed.), Man and Nature: Or Physical Geography as Modified by Human Action, George Perkins Marsh, 1864, reprinted 1965

Morton, O., The Planet Remade: How Geoengineering Could Change the World, 2015

Sprague Mitchell, L., Young Geographers: How They Explore the World and How They Map the World, 1934, reprinted 1991

Ward, B., Dubos, R., Only One Earth: The Care and Maintenance of a Small Planet, 1972

Willy, T. (ed.), Lending Primary Geography: The Essential
Handbook for All Teachers, 2019

웹사이트

http://www.antarcticglaciers.org

https://www.arctic.noaa.gov

https://www.bas.ac.uk

https://www.carbonbrief.org

https://www.cultureandclimatechange.co.uk

https://ec.europa.eu/info/energy-climate-change-
environment_en

https://www.geography.org.uk

http://geographical.co.uk

http://www.ipcc.ch

https://www.istar.ac.uk

https://www.nasa.gov

http://nsidc.org

https://www.nationalgeographic.org/education

https://www.rgs.org

http://www.un.org/en

https://www.usgs.gov

https://www.worldbank.org

https://worldoceanreview.com/en

찾 아 보 기

단단한 지리학 공부
: 하나뿐인 지구를 구하는 공간 읽기의 힘

2022년 7월 4일   초판 1쇄 발행

지은이   **옮긴이**
니컬러스 크레인   성원

펴낸이   **펴낸곳**   **등록**
조성웅   도서출판 유유   제406-2010-000032호(2010년 4월 2일)

                주소
                서울시 마포구 동교로15길 30, 3층 (우편번호 04003)

전화   **팩스**   **홈페이지**   **전자우편**
02-3144-6869   0303-3444-4645   uupress.co.kr   uupress@gmail.com

                페이스북   **트위터**   **인스타그램**
                facebook.com   twitter.com   instagram.com
                /uupress   /uu_press   /uupress

편집   **디자인**   **조판**   **마케팅**
김은우, 김미경   이기준   정은정   황효선

제작   **인쇄**   **제책**   **물류**
제이오   (주)민언프린텍   다온바인텍   책과일터

ISBN 979-11-6770-027-8 03980